# KNOT
## The Art of Sebastian

# KNOT
## The Art of Sebastian

This book was published in conjunction with the exhibition *KNOT: The Art of Sebastian*, curated by Christian J. Gerstheimer and organized by the El Paso Museum of Art. / Este libro fue publicado en conjunción con la exposición *NUDO: el arte de Sebastian*, comisariada por Christian J. Gerstheimer y organizada por el Museo de Arte de El Paso.

El Paso Museum of Art
24 February–5 June 2016
24 de febrero–5 de junio de 2016

**Editor**
Patrick Shaw Cable

**Translations** / **Traducciones:** Eduardo Bouché and / y Victor Lujan
**Proofing and Bibliography** / **Edición y bibliografía:** Claudia Preza and / y Jennifer Hill
**Design** / **Diseño:** Andrea Ariza with Alphagraphics
**Photography** / **Fotografía** (unless otherwise indicated / salvo indicación al contrario): TEMPUS DESIGN INT.
**Printing and Binding** / **Impresión y encuadernación:** Taylor Publishing, Dallas, Texas

Copyright © El Paso Museum of Art

All rights reserved. No part of this publication may be reproduced or transmitted in any form or by any means, electronic or mechanical, including photocopy, recording, or any other information storage and retrieval system, without prior permission in writing from the publisher, except for brief quotations embodied in texts.

Todos los derechos reservados. Queda prohibida la reproducción total o parcial de esta obra por cualquier medio o procedimiento, comprendidos la reprografía y el tratamiento informático, la fotocopia o la grabación sin la autorización por escrito del editor, excepto en los casos de citas breves en textos.

ISBN 978-0-9785383-7-8

El Paso Museum of Art
One Arts Festival Plaza
El Paso, Texas 79901

www.elpasoartmuseum.org

# TABLE OF CONTENTS / INDICE

Supporters of the Publication / Patrocinadores de la publicación — 4

Introduction / Introducción
Tracey Jerome — 6

An Artist from a Southern Country Who Happens to Be from the North / Un artista de un país que se encuentra en el sur pero que resulta ser del norte
Christian J. Gerstheimer — 9

Sebastian's Urban Monuments: The Emotional Power of Natural Truth / Los monumentos urbanos de Sebastian: el poder emocional de la verdad natural
Christina Rees — 26

Sebastian: Transforming Art and Mathematics / Sebastian: transformando el arte y las matemáticas
Chaim Goodman-Strauss — 33

Plates / Láminas — 39

Checklist / Lista de obras — 90

Select Bibliography / Bibliografía selectiva — 93

# SUPPORTERS OF THE PUBLICATION / PATROCINADORES DE LA PUBLICACION

In Honor of the Ten-Year Anniversary of the EPMA Collectors' Club /
En Honor del décimo aniversario del EPMA Collectors' Club

Geraldine Benson
Donna Bloedorn
Ann H. Bolte
Donald W. Bonneau
Katherine Brennand and Chris Cummings
Gaspar Enríquez
Lindsay M. Green
Joseph P. Hammond
Mary R. Haynes
Winfrey Hearst and John Greenfield
Sandra Hoover
Dale Hougham
Travis and Annabelle Johnson
Florence C. Korf
Julie Vanzant Lama
Lou Donna Landsheft
Charlotte Lipson
Leigh Ponsford Lovelady
Elia Del Carmen Mares
Carroll and Jack Maxon
Margie Melby
Margarita M. Niemira
Thomas and Tommie Niland
Doris Poessiger
Roger and Mary Ann Silverstein
Murlene Traw
Barbara Walker and Richard Doyle

49. **NUDO TORUSADO / TORUS KNOT**
2014
Iron with acrylic enamel / Fierro con esmalte acrílico
180 x 160 x 98 cm (70 7/8 x 63 x 38 9/16 in.)

# INTRODUCTION

The El Paso Museum of Art is pleased to introduce *KNOT: The Art of Sebastian*, a major exhibition of works by one of Mexico's most important contemporary sculptors, Sebastian. Born Enrique Carbajal González in 1947 in Chihuahua, Mexico, the artist works using the professional name Sebastian, said to be inspired by Botticelli's painting of Saint Sebastian.

Sebastian is best known for his monumental sculptures installed throughout his home country of Mexico and around the world in locations including Ireland, Argentina, Switzerland, Japan, and the United States. The El Paso area boasts a selection of Sebastian's distinctive works, including *La X*, constructed in Ciudad Juárez in 2013; *Aguacero*, installed in downtown El Paso in 2011; and *Esfera Cuántica Tlahtolli*, installed at the University of Texas at El Paso in 2014. These works, which are monumental both in physical scale and visual impact, have quickly become familiar and emblematic elements of the area's unique cultural landscape. Sebastian has also had over one hundred individual international exhibitions in North and South America, Europe, and Asia. The El Paso Museum of Art is proud to present this major US exhibition with works spanning the artist's creative career and including examples from his early practice, as well as recent creations. Coincidentally, this exhibition comes on the heels of one of Sebastian's major awards: last December he received Mexico's National Prize for Arts and Sciences in the category of Fine Arts, the highest honor awarded by the Mexican government to its outstanding citizens.

Sebastian's work offers clear reference to and interpretation of the works of artistic masters including Henry Moore and Pablo Picasso. The artist also seeks inspiration for his unique creative approach, his emotional geometry, in many other disciplines outside the realm of traditional visual arts, including mathematics and digital technology. Sebastian's mastery of architectural design, his interpretation of color, and his control of industrial materials including concrete and iron create a synergy and harmony that are, at times, surprising and unexpected, and are always distinctive and highly appealing. To provide a deeper insight into the artist's approach, this volume includes essays by Christian Gerstheimer, El Paso Museum of Art Curator; Christina Rees, gallerist and Glasstire.com critic; and Chaim Goodman-Strauss, Professor of Mathematics at the University of Arkansas in Fayetteville.

Sebastian creates a new visual landscape experience for viewers—immerse yourself in the artist's vision realized in this transformative exhibition experience.

**Tracey Jerome, MS, MA**
Interim Director, El Paso Museum of Art
Director, Museums and Cultural Affairs Department, City of El Paso

# INTRODUCCION

El Museo de Arte de El Paso se enorgullece de presentar *NUDO: el arte de Sebastian*, una gran exposición de obras realizadas por uno de los escultores contemporáneos más importantes de México, Sebastian. Nacido bajo el nombre de Enrique Carbajal González en 1947 en Chihuahua, México, el artista trabaja usando el seudónimo Sebastian, el cual se dice que está inspirado por la pintura de San Sebastian de Botticelli.

Sebastian es mejor conocido por sus esculturas monumentales instaladas por todo su país natal, México, y en diferentes lugares del mundo incluyendo Irlanda, Argentina, Suiza, Japón y los Estados Unidos. El área de El Paso hace alarde de una distintiva selección de obras de Sebastian, incluyendo *La X*, construida en Ciudad Juárez en el 2013; *Aguacero*, instalada en el centro de El Paso en el 2011; y *Esfera Cuántica Tlahtolli*, instalada en la Universidad de Texas en El Paso en el 2014. Estos trabajos, que son monumentales tanto en su escala física como en su impacto visual, se han convertido en familiares elementos emblemáticos del paisaje cultural único de esta área. Sebastian también ha tenido más de cien exposiciones individuales en Norteamérica y Sudamérica, Europa y Asia. El Museo de Arte de El Paso se enorgullece de presentar esta importante exposición que abarca obras de la carrera del artista incluyendo ejemplos de sus inicios, al igual que creaciones recientes. Coincidentemente, esta exposición le sigue los pasos a uno de los más importantes premios de Sebastian. El diciembre pasado, él recibió el Premio Nacional de Ciencias y Artes en la categoría de Bellas Artes, el mayor reconocimiento otorgado por el gobierno mexicano a sus ciudadanos excepcionales.

Los trabajos de Sebastian ofrecen una clara referencia e interpretación a las obras de maestros como Henry Moore y Pablo Picasso. El artista también busca inspiración para su singular propuesta creativa y su geometría emocional en muchas otras disciplinas fuera del ámbito tradicional de las bellas artes, incluyendo las matemáticas y la tecnología digital. El dominio de Sebastian del diseño arquitectónico, su interpretación del color y su control de materiales industriales, incluyendo el concreto y el hierro, crean una sinergia y una harmonía que son, en ocasiones, sorprendentes e inesperadas, pero siempre distintivas y altamente atractivas. Para ofrecer una visión más profunda acerca del planteamiento creativo del artista, este volumen incluye ensayos de Christian Gerstheimer, Curador del Museo de Arte de El Paso; Christina Rees, galerista y crítica de Glasstire.com; y Chaim Goodman-Strauss, Profesor de Matemáticas en la Universidad de Arkansas en Fayetteville.

Sebastian crea para sus espectadores una experiencia de un nuevo paisaje visual – adéntrese en la visión del artista lograda en esta exposición de transformación.

**Tracey Jerome, MS, MA**
Directora Interina, Museo de Arte de El Paso
Directora, Departamento de Museos y Asuntos Culturales, Ciudad de El Paso

**KNOT** The Art of Sebastian

# AN ARTIST FROM A SOUTHERN COUNTRY WHO HAPPENS TO BE FROM THE NORTH

Who could have predicted that a young art student from Ciudad Camargo, Chihuahua, who moved to Mexico City to pursue an education as an artist and assumed a new name, would become one of Mexico's greatest living sculptors? That is what the artist known today as *Sebastian* did. Throughout his career, Sebastian has focused on different topics of interest that have continually generated new questions.

Similar to other artists who have followed their fascinations–like Pablo Picasso and Georges Braque, who ventured beyond the known territory of pictorial representation with their invention of Cubism, or the Surrealists, who followed the trails of the subconscious mind found in dreams for their artwork–so too, Sebastian has pursued one fascination after another, repeatedly returning to geometry, science, and most recently quantum physics and knot theory. However clear and direct these disciplines may seem, their expanses are vast, with a multitude of tangents and new directions being simultaneously investigated by researchers worldwide. Sebastian has picked up on ideas from many researchers in these various fields, and he has integrated them into his work and ongoing explorations; the artist has also contributed new knowledge to these and other fields of study.

The artist's prodigious output, numerous ongoing exhibitions, and recent widespread recognition suggest a need for further study of his work.[1] This essay will, therefore, consider Sebastian's main influences as well as his new directions of research in order to provide a critical reflection on the artist's diverse practice. In doing so one should consider his artistic practice as research, and research as part of his artistic practice, because the two are intricately knotted together. Sebastian's research-oriented practice then becomes clearer by looking at a progression of projects from the past forty-plus years.

In the late 1960s when the artist was a student at the San Carlos Academy in Mexico City, he was still known by his given name, Enrique Carbajal. In 1968 when he had the first solo exhibition of his sculptural work at the Museo de Arte de Ciudad Juárez, he exhibited under the name Sebastian. That same year Sebastian and fellow artists Hersúa, Eduardo Garduño, and Luis Aguilar Ponce organized an art collective called *Arte Otro (Other Art)* in order to distance themselves from traditional notions of aesthetics and ideas of art and the art market as presented by institutions of higher education. The kinetic artwork exhibited collectively by the *Arte Otro* group supported these ideals. Sebastian also exhibited at the *II Salon Independiente (Second Independent Room)* in Mexico City in 1969. For this group exhibition Sebastian presented a kinetic, participatory artwork that embodied his concept that "an idea without participation is bereft of expression."[2] Kinetic, participatory artwork would from this time forward become an important subject of research for Sebastian.

The following year, 1970, Sebastian was recognized when he exhibited his *Transformables* series. These interactive sculptures pay homage to the artists that most influenced Sebastian: Rufino Tamayo, Alexander Calder, Albrecht Dürer, Leonardo da Vinci, Constantin Brancusi, and the Russian Constructivists. The *Transformables* series is also significant because it demonstrates the extensive understanding that Sebastian achieved at the age of twenty-three, in which he fulfilled his desire to "go beyond Euclidean geometry." These experiments in kinetic art and viewer participation are represented by several cardboard, plastic, and aluminum *Transformable* sculptures (see, for example, plate 20). Sebastian's research into the meaning and structure of these objects was published in the international art journal *Leonardo*.[3] Three *Transformable* drawings from this period also demonstrate some of the details involved in this type of research. One could even go so far as to say that Sebastian's research in mathematics is often the raw material of his work because Sebastian gives form to mathematical concepts. The basic forms that have been and are the basis of many of Sebastian's sculptures are the five geometric bodies that Euclid termed the Platonic solids: tetrahedron (four sides), cube or hexahedron (six sides), octahedron (eight sides), dodecahedron (twelve sides), and icosahedron (twenty sides).

The artworks for which Sebastian is most well known are his large, abstract public sculptures in bold, primary colors. At first glance these works seem easy to understand, but are much more complex than most realize. Most often such artworks are described as Mexican geometrism. Mexican geometrism is a specific branch of abstraction that Sebastian learned from his mentor and long-time colleague Mathias Goeritz.[4] After 1971 Sebastian studied and worked with Goeritz at the Universidad Nacional Autónoma de México (UNAM), and from Goeritz he adopted an artistic philosophy which advocated creative freedom and constant experimentation. Goeritz is one of the artists known for promoting abstraction and modern trends in Mexico. Geometrism was favored by Mexican artists who wanted to distance themselves from the nationalist, muralist movement and yet retain a connection to pre-Columbian, Mayan, and Aztec ancestry. Several years ago Cuauhtémoc Medina, a well-known scholar of Latin American contemporary art, summed up the influence of geometrism in the following way: "Over more than three decades, geometric abstraction has been a public symbol of visual 'modernity.'"[5] In his text Medina also disparagingly identified Sebastian as one of the main representatives of this style, who according to the author "merely geometrized versions of the traditional art object." Throughout the years Sebastian has been so prolific that it might be easy to dismiss him as such; however, as we shall examine, Sebastian's work contains more than "mere geometrization."

Mathias Goeritz also influenced Sebastian to consider sculptural space in relation to the public, in a similar way that architects do with urban planning. Goeritz referred to this as "emotional architecture."[6] Seeking to give abstract steel sculpture an emotional aspect is another of the legacies Sebastian inherited from Goeritz, something he refers to as developing an artwork in "both emotional and geometric terms."[7] As a result, many of Sebastian's artworks are based on the Goeritz-influenced concept of emotional geometry, and Goeritz's inspiration more generally is another thread tightly bound into Sebastian's work.

In the late 1970s Sebastian was actively involved in the Grupos (Collectives) movement in Mexico. During this time many artists in Mexico, including Sebastian, participated in artists' collectives because by doing so they could work on larger projects, often outside the traditional museum setting. In 1976 Sebastian headed Tetraedro, an artist collective that focused on geometric issues. With the Tetraedro artists Sebastian participated in the Paris Youth Biennial X and created a geometric installation.[8] From 1977 to 1979 Sebastian was invited to collaborate on a large outdoor sculptural complex (the Espacio Escultórico) with Goeritz, Helen Escobedo, Manuel Felguérez, Hersúa, and Federico Silva. The Espacio Escultórico, on the campus of the Ciudad Universitaria in Mexico City, was an important stepping stone in Sebastian's career as a public sculptor.

In 1979 Sebastian was one of the founding members of another collective, Marco. Sebastian's involvement in Marco is significant in regards to the development of his practice because "the Marco artists carefully researched the urban setting in the development of their urban text and image interventions."[9] This ephemeral work educated the artists involved about participatory behavior of the public in response to art in a non-traditional setting, something which would be significant to Sebastian's later public work.

During the 1970s and '80s Sebastian also began devising a visual language based on his research in geometry and aesthetics, and combined with his study of natural forms. The sculptures *A Sun for Matthew*, 1988, *Quartzite*, 1989, and *Transformation*, 1982 (plates 40, 1, and 29), are all worthy examples from this era, whose inspiration is found in the contemplation of nature and the combination of macro- and micro-scientific concepts in his work.[10] An additional formal detail of the artist's visual language concerns the artist's use of color. Sebastian explains that his largest (monumental) sculptures are usually painted using primary colors. For his medium-sized works he often uses secondary colors, and for his smaller works tertiary colors.[11] From an aesthetic point of view form, shape, and color are the most dominant factors in Sebastian's work, followed by space, time, and in some cases motion.

In the early 1990s the artist's research within the overlapping worlds of nature, science, and geometry led him to develop the *Cultivated Sculptures* series, which explores the concept of fractals and the chaos theory as employed in sculptural terms. An essential detail behind these sculptures involves the fact that their final form includes a layer of mollusks that have gravitated to the electronically heated structures submerged in the ocean by the artist for over two years. Roberto Vallarino further explains the significance of Sebastian's work at this time: "Sebastian discovered fractals quite spontaneously in his research, armed with his knowledge of many dimensions in the five regular bodies applied to the norms of topology and crystallography…."[12]

The rough encrusted surface of *Fractárbol* (plate 26) from this series is noticeably different than most sculptures by Sebastian; at the same time, however, the artist's characteristic internal, knotted geometric structure is clearly recognizable.

In the 1980s and '90s Sebastian received numerous large-scale public art commissions throughout Mexico and in various countries around the world. While some were more important than others, each of these public commissions allowed the artist to refine his practice and explore new areas of interest. One example of these fruitful commissions is *Tsuru*, created in 1995 for the city of Osaka, Japan. This sculpture is unique in Sebastian's oeuvre because "it has formal rules and a proportion of 5 – 7 – 5, like haiku poetry…"[13] Haiku, whose proportions Sebastian utilized in this sculpture, is one of Japan's major contributions to poetry.[14] A working sketch such as *Tsuru* (plate 19) is mentioned here because it emphasizes the importance of drawing to the artist's practice and research.

Sebastian's previous research into kinetic art, in other words the artist's *Transformable* sculptures, has been followed by several more recent examples: *El Caballito*, 1992, *Quantic Ball*, 2014 (plate 3), and *Esfera Cuántica Tlahtolli*, 2014. The public sculpture *El Caballito*, probably Sebastian's most well-known kinetic work, is a monumental, abstracted head of a horse that also functions as a chimney for Mexico City's deep drainage system, and frequently spouts clouds of steam.[15] The idea of using steam as an essential part of an art object harkens back to Sebastian's student days when he learned of the "de-materialized," experimental work of artists Jesús Rafael Soto and Julio Le Parc among others.

From 2009 to 2013 Sebastian worked on the *Quantics* series, which is based on the artist's research into the science of quantum physics. In an essay titled "The Geometry of Space and the Shape of Time," the art historian Emely Baché describes work from this series as "well-knotted sculptures," in which "Sebastian uses both the space-time concept, as well as spatial dimensions…"[16] A representative example from this series–which, additionally, possesses a kinetic quality–is *Quantic Ball*, 2014 (plate 3).[17] For the *Quantics* series Sebastian actively integrated the use of advanced computer technology into his practice, fusing it with his study of art and science. The digital prints *Calabi I*, 2008, *Calabi II*, 2008, and *Calavi Yau*, 2008 (plates 4, 5, and 6), represent various permutations of specific quantic polygon forms that may be visualized using computer technology. Manifested on the computer screen and created with the aid of 3D-modeling software, these virtual forms become simply weightless bands of colored light, which are more easily transformed than steel and are entirely open to the artist's free manipulation.

The abstract, and therefore modernist, character of Sebastian's artwork might lead one to believe that this artist's work is only about art for art's sake; yet, while aesthetic beauty and sculptural form are always important, the subject also very often has significance. In addition to ongoing research in aesthetics, kinetic art, and the endless possibilities of geometric abstraction, Sebastian has continually found added inspiration in his indigenous cultural heritage, whether

Aztec, Maya, Zapotec, Toltec, Olmec, or Mestizo. The artworks *Nezahualcóyotl* (*Coyote*), *Chac Mool II, La X, Esfera Cuántica Tlahtolli*, and many others all directly reference the pre-Hispanic, indigenous cultures of Mexico's past, either figuratively or metaphorically. The form of these artworks might be formulated through geometric computations, but the content of the forms is intimately linked to the artist's notions of Mexican heritage.

Sebastian has combined researching his Mexicanidad, or Mexican-ness, with his natural curiosity for adopting various new materials, such as cardboard, plastic, iron, bronze, aluminum, stone, steel, ceramic, and silver, and incorporating them into his creative practice as needed and depending on the project. Among many other examples, a pertinent subject to consider here is the stone *Chac Mool II*, 2010 (plate 28), with its light brown, smooth, speckled surface and abstracted form. Sebastian's *Chac Mool II* is at first not easily recognizable as the well-known Meso-American subject of a reclining male with his hands on his stomach and head tilted to the side. However, just as the renowned mid-century British sculptor Henry Moore adopted the same figure for many of his works and often abstracted the form almost beyond comprehension, so too did Sebastian in his own way–because even though the title references a figure there is nothing that stipulates that the sculpture must do so.

The artist's passion for both materials and his Mexican heritage is further manifest in his intimate silver sculptures. The medium of silver is meaningful to Sebastian as it relates to various pre-Columbian deities and the development of Mexico, as well as its being a new vehicle for him to recreate previous works at a reduced scale.[18] The small-scale version of the public monument *Nezahualcóyotl* (*Coyote*) (plate 13) stands as an example in this regard.

Sebastian's newest works take the viewer even further beyond the emotions and reasoned ideas of his earlier work. The reason for this is that the artist's research into cosmological and metaphysical unknowns combined with an ongoing interest in knot theory enable him to produce new knowledge, which takes form in the *Parallel Universes* sculptures. These sculptures, which Sebastian has worked on since 2013, specifically investigate the endless possibilities of knots, whether torus, trefoil, interlaced, or linked. This series, of course, returns the reader back to Sebastian's early *Transformable* sculptures, which make use of the Möbius strip and transform it into a hexaflexagon. Several examples from the *Parallel Universes* series, which are more unraveled, but more complex, than the *Quantics* sculptures, include *Conspicuous Link*, 2014, *Link III*, 2014, and *Torus Knot*, 2014 (plates 46, 47, and 49).

The tying together of conceptual boundaries is nothing completely new in Sebastian's practice either. As part of his earlier research Sebastian has considered questions about the differences between formal and functional objects as art. Such areas of inquiry have motivated him to produce in one case a series of art chairs made from an assortment of materials that blur the line between the aesthetic and the utilitarian object. The *Sebastian Chair*, 1983 (plate 36), is an example from this series and demonstrates the challenging line the artist walks between utilitarian object and aesthetic, abstract form. In addition to a series of artist's chairs, Sebastian has also produced a series of silver, body-art objects that integrate his *Quantics* forms into functional objects identifiable also as bracelets, necklaces, or rings; examples here are the *Trisphericon Bracelet*, 2007, and the *Cascara (Quantic) Necklace*, 2012 (plates 11 and 33).

In Sebastian's research and practice, public art and architecture often overlap, and the relationship between the two is one of the strongest threads in the web that makes up his oeuvre. Under Goeritz's influence Sebastian was one of numerous artists who opened their practice to the urban space around them, and since 1979 when he collaborated in the Espacio Escultórico many of his artworks have been public. It should also be noted that Sebastian's rise to prominence in the art world of the 1970s coincided with the emergence of the concept of new-genre public sculpture.[19] Rather than strictly focusing on issues of community engagement, Sebastian's monuments focus on aesthetic and scientific issues as well as the visualization of geometric concepts, and the liberation offered in the rigor and possibilities of numbers.

Simultaneously, however, Sebastian's work always takes into account the transformation and enrichment of the urban setting. In many cases, his public artworks are intended to have an impact on the urban environment and are meant to be seen as landmarks. For example, the already mentioned kinetic sculpture *El Caballito*, 1992, was specifically chosen to replace an historic equestrian sculpture put in place by the Spaniards in the nineteenth century.[20] In this example it is clear that for Sebastian "the surrounding setting becomes an indispensable component of the work of art."[21]

Recently Sebastian has expanded his large-scale public art commissions to an architectural scale and has actually designed two buildings that bring to life his *Quantics* sculpture series, thus intertwining the concepts of architecture and public art even further.[22] A fitting structure designed by Sebastian is the Institute of Mathematics at the Universidad Autónoma del Estado de México, known as the *Abacus Building* (plate 51). A second example that effectively merges the line between architecture and art is the *Tecnopolo Building*, 2013 (plate 52), also at the Universidad Autónoma del Estado de México. In these two structures public engagement and aesthetic form become wound around each other so that one becomes an integral component of the other.

A final example that thoroughly weaves the many threads of Sebastian's complex research and practice together is the controversial *La X* in Ciudad Juárez, 2013 (see plate 37). First of all the basic form itself can be seen as a simple one-crossing knot whose "two intersecting arms symbolize the mestizaje, or the merging of two cultures in Mexico–the indigenous people and the Spanish."[23]  Second, the work embodies the overlap of public art, architecture, and interactive public engagement. Third, the geometric and engineering components required for the design and construction of such a monolithic sculpture culminate in a *magnum opus* that binds together people, borders, and concepts like no other sculpture in the United States or Mexico. Sebastian's "La Equis" may be indicating where he has been, but also that there is a treasure to be found where the X marks the spot!

As has been shown, Sebastian, a.k.a. Enrique Carbajal from *La Frontera*, is continually transforming and extending the boundaries between art, science, and geometry in his research-grounded art practice. Each of the projects discussed from his forty-plus years of creative practice has generated new knowledge and questions, and has woven the subjects of kinetic art, indigenous heritage, new technology, fractal theory, and geometry into the bold forms that are Sebastian's art. The artist's insatiable curiosity and his commitment to his practice are a tribute to Mexican culture that will surely be studied by future generations. One can only guess where they will lead him next.

**Christian J. Gerstheimer**
Curator
El Paso Museum of Art

## ENDNOTES

1 Three recent local examples are *The Juárez X*, 2013; *Esfera Cuántica Tlahtolli*, 2014, at the University of Texas at El Paso campus; and downtown El Paso's *Aguacero*, 2011.
2 Sebastian, *Geometric Intimacies: Sebastian Sculptor*, p. 260.
3 Sebastian, "My Transformable Structures Based on the Möbius Strip," *Leonardo*, vol. 8, 1975, pp. 148–49.
4 Mexican geometrism, as influenced by Goeritz, has been identified as a precursor of the simple forms of Minimalism.
5 Cuauhtémoc Medina, "Systems (Beyond So-Called 'Mexican Geometrism')," *The Age of Discrepancies: Art and Visual Culture in Mexico 1968–1997*, p. 129.
6 Mathias Goeritz, *Manifesto of Emotional Architecture*, 1954.
7 Sebastian, *Geometric Intimacies: Sebastian Sculptor*, p. 222.
8 Cuauhtémoc Medina, *Age of Discrepancies*, p. 217.
9 Ibid., p. 230.
10 Interview with the artist, 24 August 2015.
11 Ibid.
12 Roberto Vallarino, "The Endless Adventure of Folding and Unfolding the Universe," *Sebastian Sculptor*, Mexico City, Fundación Sebastian, 2009, p. 305.
13 Sebastian, *La obra monumental de Sebastian*, p. 28.
14 Coincidentally, Sebastian gifted a replica of *Tsuru* to the Museo de Arte de Ciudad Juárez in 1999.
15 Represented in this catalog by a small-scale version in silver.
16 Emely Baché, "The Geometry of Space and the Shape of Time," *Quantic Sebastian / Sebastian Cuántica*, p. 11.
17 *Quantic Ball* is quite similar, although smaller, to UTEP's *Esfera Cuántica Tlahtolli*, 2014, which is also from the *Quantics* series.
18 Beatriz Rivas, "Luna de plata, un cuento," *Sebastian: la plata y el arte*, p. 152.
19 "New-genre public art" is a term coined in 1991 by the American artist Suzanne Lacy to describe public art that is often created outside institutional support and frequently has an activist component.
20 Seth Dixon, "Mobile Monumental Landscapes: Shifting Cultural Identities in Mexico City's *El Caballito*," *Historical Geography*, 2009, pp. 37, 85.
21 *Geometric Intimacies*, p. 116.
22 One needs only to reference the sculpture *Architecture*, 2013 (plate 16), from the *Quantics* series to see a similar form.
23 Lorena Figueroa, "Border Monument: Juárez Sculpture to Be Dedicated May 24," *El Paso Times*, 2 May 2013, p. 2.

# UN ARTISTA DE UN PAIS QUE SE ENCUENTRA EN EL SUR PERO QUE RESULTA SER DEL NORTE

¿Quién podría haber predicho que un joven estudiante de la Ciudad Camargo, Chihuahua, que se mudó a la Ciudad de México para seguir una carrera de artista y asumir un nuevo nombre, se convertiría en uno de los más grandes escultores de México en vida? Eso es lo que el artista actualmente conocido como *Sebastian* hizo. A lo largo de su carrera, Sebastian se ha interesado en distintos temas que de forma continua han generado nuevas preguntas.

De manera similar a otros artistas quienes han seguido sus fascinaciones –como Pablo Picasso y Georges Braque, quienes se aventuraron más allá del territorio conocido de la representación pictórica con su invención del cubismo, o los surrealistas quienes, para su arte, siguieron los senderos de la mente subconsciente encontrada bajo los sueños– igualmente, Sebastian ha seguido fascinación tras fascinación, repetidamente regresando a la geometría, la ciencia y más recientemente a la física cuántica y la teoría de nudos. Aunque estas disciplinas pueden parecer claras y directas, sus alcances son vastos, con una multitud de tangentes y nuevas rutas siendo simultáneamente exploradas por investigadores de todo el mundo. Sebastian ha asimilado ideas de muchos de estos investigadores y las ha integrado en su obra y en sus exploraciones. El artista también ha contribuido nuevos conocimientos a estos y otros campos de la investigación.

La producción prodigiosa del artista, sus numerosas exposiciones, aunado a sus recientes y extensos reconocimientos, sugieren la necesidad de un estudio más amplio de su obra[1]. Este ensayo, por lo tanto, considerará las influencias más importantes al igual que sus nuevas direcciones de investigación para así proveer una reflexión crítica acerca de la diversa práctica del artista. Al hacer lo mencionado, uno debe considerar la práctica del artista como investigación, y la investigación como su práctica artística porque ambas están complejamente anudadas. La práctica de Sebastian, por estar tan vinculada a la investigación, se hace más clara al ver una progresión de proyectos que se extiende por más de cuarenta años.

A finales de la década de los sesenta cuando el artista era estudiante en la Academia de San Carlos en la Ciudad de México, todavía se le conocía por su nombre de pila, Enrique Carbajal. En 1968 cuando tuvo la primera exposición individual de su obra escultórica en el Museo de Arte de Ciudad Juárez, expuso bajo el nombre de Sebastian. Ese mismo año, Sebastian y sus compañeros artistas Hersúa, Eduardo Garduño, y Luis Aguilar Ponce organizaron un colectivo de arte llamado *Arte Otro*. Esto con la intención de distanciarse de las nociones tradicionales de la estética, de las ideas del arte y del mercado del arte dadas por instituciones de educación superior. Las obras de arte cinético expuestas colectivamente por el grupo *Otro Arte* apoyaban estos ideales. Sebastian también expuso en el *II Salón Independiente* en la Ciudad de México en 1969. Para esta exposición colectiva Sebastian presentó una obra cinética y participativa que expresaba su concepto que dice que "una idea sin participación está privada de expresión".[2]

El arte cinético y participativo se convertiría a partir de ese momento en un importante tema de investigación para Sebastian.

El año posterior, 1970, Sebastian fue reconocido cuando expuso su serie *Transformables*. Estas esculturas interactivas rinden homenaje a los artistas que más influenciaron a Sebastian: Rufino Tamayo, Alexander Calder, Albrecht Dürer, Leonardo da Vinci, Constantin Brancusi, y los constructivistas rusos. La serie *Transformables* es también significativa porque demuestra el extenso entendimiento que Sebastian logró a la edad de veintitrés años, en la cual logró su deseo de "ir más allá de la geometría euclidiana". Estos experimentos de arte cinético y de participación del espectador están representados por sus esculturas *Transformables*: tres de cartón, tres de plástico y dos de aluminio (por ejemplo, véase lámina 20). La investigación de Sebastian acerca del significado y estructura de estos objetos fue publicada en la revista internacional especializada en arte *Leonardo*[3]. Tres dibujos *Transformables* de este periodo también demuestran algunos de los detalles que forman parte en este tipo de investigación. Inclusive se podría decir que la investigación de Sebastian en el área de las matemáticas es muchas veces la materia prima de su obra porque Sebastian da forma a conceptos matemáticos. Las formas básicas que han sido y son la base de muchas de las esculturas de Sebastian son los cuerpos geométricos que Euclides llamó sólidos platónicos: tetraedro (cuatro lados), cubo o hexaedro (seis lados), octaedro (ocho lados), dodecaedro (doce lados) e icosaedro (veinte lados).

Las obras de arte por las que Sebastian es mejor conocido son sus grandes esculturas abstractas públicas de audaces colores primarios. A primera vista estas obras parecen fáciles de entender, pero son mucho más complejas de lo que la mayoría se percata. A menudo estas obras son descritas como geometrismo mexicano. El geometrismo mexicano es una rama de la abstracción que Sebastian aprendió de su mentor y colega de mucho tiempo Mathias Goeritz[4]. Después de 1971 Sebastian estudió y trabajó con Goeritz en la Universidad Nacional Autónoma de México (UNAM), y de Goeritz adoptó una filosofía artística que propugnaba por la libertad creativa y la constante experimentación. Goeritz es uno de los artistas conocidos por promover la abstracción y las tendencias modernas en México. El geometrismo fue favorecido por artistas mexicanos que querían distanciarse del movimiento muralista nacionalista y al mismo tiempo mantener una conexión con la herencia ancestral precolombina, maya y azteca. Hace muchos años Cuauhtémoc Medina, un académico conocido del arte contemporáneo latinoamericano, resumió la influencia del geometrismo de la siguiente manera: "Por más de tres décadas, la abstracción geométrica ha sido un símbolo público de 'modernidad' visual"[5]. En su texto, Medina también identificó despectivamente a Sebastian como uno de los principales representantes de este estilo, quien de acuerdo con el autor, "simplemente geometrizaba versiones del objeto de arte tradicional". A través de los años Sebastian ha sido tan prolífico que pudiera ser fácil juzgarlo de tal forma. Sin embargo, como examinaremos, la obra de Sebastian contiene más que "mera geometrización".

Mathias Goeritz también influyó a Sebastian a considerar el espacio cultural en relación con el público, de forma similar a lo que hacen los arquitectos con la planeación urbana. Goeritz se refirió a esto como "arquitectura emocional"[6]. Buscando dar a la escultura de acero un aspecto más emotivo, Sebastian heredó de Goeritz, algo a lo que él se refiere como desarrollar una obra de arte en "términos tanto emotivos como geométricos"[7]. Como resultado, muchas de las obras de arte de Sebastian están basadas en el concepto, influenciado por Goeritz, de geometría emocional. De forma más general, la inspiración de Goeritz viene a ser un hilo más que está entretejido estrechamente en la obra de Sebastian.

A finales de la década de los años 70 Sebastian estuvo activamente involucrado en el movimiento Grupos en México. Durante ese tiempo muchos artistas en México, incluyendo a Sebastian, participaron en colectivos de artistas. Esto les permitió trabajar en proyectos de mayor escala, muchas veces fuera del marco tradicional de los museos. En 1976 Sebastian estuvo al frente de Tetraedro, un colectivo de artistas que se enfocó en cuestiones geométricas. Con los artistas de Tetraedro, Sebastian participó en la X Bienal de Jóvenes de París creando una instalación geométrica[8]. De 1977 a 1979 Sebastian fue invitado a colaborar con Goeritz, Helen Escobedo, Manuel Felguérez, Hersúa, y Federico Silva en el Espacio Escultórico, un gran complejo escultórico al aire libre. El Espacio Escultórico, localizado en el campus de Ciudad Universitaria en la Ciudad de México, fue un importante peldaño en la carrera de Sebastian como escultor público.

En 1979 Sebastian fue uno de los miembros fundadores de otro colectivo llamado Marco. El involucramiento de Sebastian en Marco es significativo en lo que se refiere al desarrollo de su práctica porque "los artistas de Marco investigaban cuidadosamente el entorno urbano en el desarrollo de su texto urbano e intervenciones de imágenes"[9]. Este trabajo efímero les enseñó a los artistas involucrados acerca de la conducta participativa del público en respuesta al arte en entornos no tradicionales, algo que será posteriormente muy significativo en la obra artística pública de Sebastian.

Durante los años 70 y 80 Sebastian también empezó a idear un lenguaje visual basado en sus investigaciones de geometría y estética combinándolo en su estudio de formas naturales. Las esculturas *Sol de Matías*, 1988, *Cuarzita*, 1989, *Transformación*, 1982 (láminas 40, 1 y 29), son todas ejemplos dignos de esta era, cuya inspiración se encuentra en la contemplación de la naturaleza y la combinación, en su obra, de conceptos científicos tanto macro como micro[10]. Un otro detalle formal del lenguaje visual del artista, concierne al uso del color. Sebastian explica que sus esculturas más grandes (monumentales) son, por lo general, pintadas usando colores primarios. Para sus obras de tamaño mediano, usa con frecuencia colores secundarios, y para los trabajos de menor tamaño utiliza colores terciarios[11]. Desde un punto de vista estético, la forma, la figura y el color son los factores más dominantes en el trabajo de Sebastian. Esto seguido por el espacio, el tiempo, y en ocasiones el movimiento.

A principios de los 90, la investigación del artista dentro de los mundos superpuestos de la naturaleza, la ciencia, y la geometría lo llevaron a desarrollar la serie *Esculturas Cultivadas*.

La cual explora el concepto de los fractales y la teoría de caos dentro del contexto de términos escultóricos. Un detalle esencial detrás de estas esculturas, implica el hecho de que su forma final incluye una capa de moluscos que gravitaron a las estructuras que eran calentadas electrónicamente y que habían sido sumergidas en el océano por el artista por más de dos años. Roberto Vallarino ahonda en el significado del trabajo de Sebastian durante este periodo: "Sebastian descubrió los fractales de forma muy espontánea en sus investigaciones, armado con su conocimiento de varias dimensiones en los cinco cuerpos regulares aplicados a las normas de topología y cristalografía..."[12].

La áspera superficie incrustada de *Fractárbol* (lámina 26) de esta serie, es notablemente diferente a la mayoría de las esculturas de Sebastian. Sin embargo, la estructura interior, geométrica y anudada, que es tan característica del artista, es claramente reconocible.

En los años 80 y 90 Sebastian fue encomendado a hacer numerosas obras de arte públicas de gran escala por todo México y en muchos otros países. Aunque algunas son más importantes que otras, cada una de estas obras que le fueron comisionadas, le permitieron al artista refinar su práctica y explorar nuevas áreas de interés. Un ejemplo de estas fructíferas comisiones es Tsuru (lámina X), creada en 1995 para la ciudad de Osaka, Japón. Esta escultura es singular en la obra de Sebastian porque "sigue reglas formales y una proporción de 5 – 7 – 5, como en la poesía haiku…"[13]. El haiku, cuyas proporciones utiliza Sebastian en esta escultura, es una de las mayores contribuciones de Japón a la poesía[14]. El bosquejo de *Tsuru* (lámina 19) es mencionado aquí porque esto enfatiza la importancia del dibujo en la práctica e investigación del artista.

Las investigaciones hechas por Sebastian en relación al arte cinético, i.e. las esculturas *Transformables* del artista, han sido seguidas por varios ejemplos más recientes: *El Caballito*, 1992, *Bola Cuántica*, 2014 (lámina 3), y *Esfera Cuántica Tlahtolli*, 2014. La escultura pública *El Caballito*, probablemente la obra cinética mejor conocida de Sebastian, es una abstracción monumental de la cabeza de un caballo que también funciona como chimenea para el sistema de desagüe de la Ciudad de México, y frecuentemente expulsa nubes de vapor[15]. La idea de usar vapor como una parte esencial de un objeto de arte se remonta a la época de estudiante del artista, en la cual aprendió acerca de las obras experimentales "des-materializadas" de los artistas Jesús Rafael Soto y Julio Le Parc, entre otros.

Del 2009 al 2013 Sebastian trabajó en la serie *Cuánticas*, la cual está basada en las investigaciones del artista en el campo de la física cuántica. En un ensayo titulado "La Geometría del Espacio y la Forma del Tiempo", la historiadora de arte Emely Baché describe obras de esta serie como "esculturas bien anudadas", en las cuales "Sebastian usa tanto el concepto de espacio-tiempo al igual que dimensiones de espacio…"[16]. Un ejemplo representativo de esta serie –que adicionalmente posee una calidad cinética– es *Bola Cuántica*, 2014 (lámina 3)[17]. Para la serie *Cuántica* Sebastian integra el uso avanzado de la tecnología computacional a su trabajo, fusionándolo con sus estudios del arte y la ciencia. Las estampas digitales *Calabi I*, 2008, *Calabi II*, 2008, y *Calavi Yau*, 2008 (láminas 4, 5 y 6), representan varias permutaciones de formas poligonales específicas que pueden ser visualizadas usando tecnología computacional.

Mostradas en la pantalla de una computadora y creadas con la ayuda de un software de modelado tridimensional, estas formas virtuales se convierten en bandas de luz de color, las cuales son transformadas más fácilmente que el acero y están totalmente disponibles a la libre manipulación del artista.

El carácter abstracto y por lo tanto modernista de la obra artística de Sebastian pudiera llevar a uno a creer que el trabajo del artista es simplemente arte por arte mismo, pero aunque la belleza estética y la forma escultórica son siempre importantes, el tema también tiene, con mucha frecuencia, un significado. Aparte de la actual investigación en los campos de la estética, arte cinético, y las interminables posibilidades de la abstracción geométrica, Sebastian ha encontrado inspiración en su herencia cultural indígena, ya sea Azteca, Maya, Zapoteca, Tolteca, Olmeca, o Mestiza. Las obras *Nezahualcóyotl (Coyote)*, *Chac Mool II*, *La X*, *Esfera Cuántica Tlahtolli*; y muchas otras hacen referencia directa a las culturas indígenas prehispánicas del pasado de México, ya sea de manera figurativa o metafórica. Las formas de estas obras pueden formularse por medio de cálculos geométricos, pero el contenido de las formas está íntimamente vinculado con las nociones que el artista tiene de la herencia mexicana.

Sebastian ha combinado el estudio de su mexicanidad, con su natural curiosidad por adoptar nuevos y distintos materiales, tales como cartón, plástico, hierro, bronce, aluminio, piedra, acero, cerámica y plata, incorporándolos a su práctica creativa conforme es necesario y dependiendo del proyecto en curso. Entre muchos otros ejemplos, un tema pertinente a considerar aquí es la piedra *Chac Mool II*, 2010 (lámina 28). Con su suave superficie de color café claro moteado y su forma abstracta, a primera vista, el *Chac Mool II* de Sebastian no es muy fácil de identificar como la muy conocida figura mesoamericana de un varón en postura reclinada con sus manos en el estómago y la cabeza inclinada hacia un lado. Sin embargo, de la misma manera como el renombrado escultor británico Henry Moore adoptó la misma figura para muchas de sus obras llevándolas con frecuencia a un grado de abstracción más allá de la comprensión, también así lo hizo Sebastian, a su manera –porque aunque el título hace referencia a una figura, no hay nada que estipule que la escultura lo tenga que hacerlo también.

La pasión del artista por los materiales y por su herencia Mexicana se manifiesta, de manera más profunda, en sus íntimas esculturas de plata. La plata como medio es muy significativo para Sebastian en su relación con diferentes deidades precolombinas y el desarrollo de México, al igual que ser un nuevo vehículo para recrear obras previas en una escala reducida[18]. La versión a menor escala del monumento público *Nezahualcóyotl (Coyote)* (lámina 13) se sitúa como ejemplo en este sentido.

Las nuevas obras de Sebastian llevan al espectador todavía más allá de las emociones e ideas razonadas de su trabajo. Esto se debe a que la investigación del artista en los aspectos desconocidos de la cosmología y la metafísica aunado a un continuo interés por la teoría de nudos, le permiten producir un nuevo conocimiento que toma forma en las esculturas *Universos Paralelos*. Estas esculturas, en las cuales Sebastian ha trabajado desde el 2013, investigan las innumerables posibilidades de los nudos, ya sean torus, en forma de trébol, entrelazados o unidos.

Esta serie lleva al espectador de regreso a las primeras esculturas Transformables, las cuales hacen uso de la banda de Möbius y la transforman en un hexaflexagon. Algunos ejemplos de la serie Universos Paralelos, los cuales están más desenredados pero son más complejos que las esculturas *Cuánticas*, incluyen *Enlace Conspicuo*, 2014, *Enlace III*, 2014, y *Nudo Torusado*, 2014 (láminas 46, 47 y 49).

El enlazar límites conceptuales tampoco es nada nuevo en la práctica de Sebastian. Como parte de sus primeras investigaciones, Sebastian ha considerado algunos interrogantes sobre las diferencias entre objetos de arte formales y funcionales. Dichas áreas de indagación lo han motivado a producir, en un caso, una serie de sillas-arte hechas de una variedad de materiales que borra un poco la línea divisoria entre el objeto estético y el utilitario. *La Silla Sebastian*, 1983 (lámina 36), es un ejemplo de esta serie y muestra la desafiante línea entre el objeto utilitario y la forma estética abstracta. Además de la serie de sillas del artista, Sebastian también ha producido una serie de objetos cuerpo-arte de plata que integran sus formas *Cuánticas* como parte de objetos funcionales e identificables, ya sea en pulseras, collares o anillos. Algunos ejemplos son la *Brazalete Triesfericón*, 2007, y el *Collar Cascara (Cuántica)*, 2012 (láminas 11 y 33).

En las investigaciones y prácticas de Sebastian, el arte público y la arquitectura se interponen con frecuencia. La relación entre estas dos disciplinas es uno de los hilos más fuertes de esta red que compone su oeuvre. Bajo la influencia de Goeritz, Sebastian fue uno entre numerosos artistas que abrieron su práctica al espacio urbano que los rodeaba. Desde 1979, cuando colaboraba con Espacio Escultórico, muchas de sus obras han sido públicas. Se debe hacer notar que el ascenso de Sebastian hacia la prominencia en el mundo del arte de la década de 1970 coincidió con el emergente concepto de New-Genre Public Sculpture[19]. En lugar de enfocarse estrictamente en cuestiones de involucramiento comunitario, lo monumentos de Sebastian se centran en aspectos estéticos y científicos al igual que en la visualización de conceptos geométricos, y en la liberación ofrecida por el rigor y las posibilidades de los números.

Sin embargo y de forma simultánea, la obra de Sebastian siempre toma en consideración la transformación y el enriquecimiento del entorno urbano. En muchos casos, sus obras de arte públicas están destinadas a tener un impacto en el ámbito urbano y a ser puntos de referencia. Por ejemplo, la ya mencionada escultura cinética *El Caballito*, 1992, fue específicamente escogida para reemplazar la histórica escultura ecuestre puesta por los españoles en el siglo diecinueve[20]. En este ejemplo es claro que para Sebastian "el entorno se convierte en un componente indispensable de la obra artística"[21].

Recientemente, Sebastian expandió sus obras de arte público a escalas arquitectónicas diseñando dos edificios que dan vida a la serie de esculturas *Cuánticas*. De esta manera el artista entreteje aún más los conceptos de la arquitectura y del arte público[22]. Una muy adecuada estructura diseñada por Sebastian es el Instituto de Matemática de la Universidad Autónoma del Estado de México, conocida como el *Edificio Abacus* (lámina 51). Un segundo ejemplo que fusiona efectivamente la línea entre la arquitectura y el arte es el *Edificio Tecnopolo*, 2013 (lámina 52), también en la Universidad Autónoma del Estado de México.

En estas dos estructuras, el involucramiento público y la forma estética se entrelazan de tal manera que los dos conceptos son partes integrales de sí mismos.

Un ejemplo final que entreteje los muchos hilos de la compleja investigación y práctica de Sebastian, es la controversial *X* en Ciudad Juárez, 2013 (véase lámina 37). En primer lugar, la forma básica en sí puede verse como un simple nudo entrecruzado cuyos "dos brazos intersectados simbolizan el mestizaje, o la unión de dos culturas en México"[23]. En segundo lugar, la obra ejemplifica la sobreposición del arte público, la arquitectura y el involucramiento interactivo del público. Y en tercer lugar, los componentes geométricos y de ingeniería requeridos para el diseño y construcción de tales monolíticos culminan en una *magnum opus* que une gente, fronteras y conceptos como no lo hace ninguna otra escultura en los Estados Unidos ni en México. ¡La X de Sebastian nos puede estar indicando en donde él ha estado pero también que hay un tesoro a encontrar en el sitio que marca esa X!

Como se ha mostrado, Sebastian, también conocido como Enrique Carbajal de *La Frontera*, está continuamente transformando y expandiendo los límites entre el arte, la ciencia y la geometría en su práctica artística, la cual está fundada en la investigación. Cada uno de los proyectos de una carrera de más de cuarenta años que se han discutidos, han generado preguntas y conocimiento nuevo, y han entretejido los temas del arte cinético, la herencia indígena, nueva tecnología, teoría fractal y geometría en las formas audaces que componen el arte de Sebastian. La curiosidad insaciable del artista y su compromiso con la práctica artística son un tributo a la cultura mexicana que será seguramente estudiada por futuras generaciones. Uno sólo puede conjeturar a donde lo llevarán en un futuro.

**Christian J. Gerstheimer**
Curador
Museo de Arte de El Paso

## NOTAS

1 Tres ejemplos recientes locales son *La X* en Juárez, 2013; *Esfera Cuántica Tlahtolli*, 2014, en el campus de la Universidad de Texas en El Paso; y en el centro de El Paso, *Aguacero*, 2011.
2 Sebastian, G*eometric Intimacies: Sebastian Sculptor*, p. 260.
3 Sebastian, "My Transformable Structures Based on the Möbius Strip," *Leonardo*, vol. 8, 1975, pp. 148–49.
4 El geometrismo mexicano, influenciado por Goeritz, ha sido identificado como un precursor de las formas simples del Minimalismo.
5 Cuauhtémoc Medina, "Systems (Beyond So-Called 'Mexican Geometrism')," *The Age of Discrepancies: Art and Visual Culture in Mexico 1968–1997*, p. 129.
6 Mathias Goeritz, *Manifesto of Emotional Architecture*, 1954.
7 Sebastian, *Geometric Intimacies: Sebastian Sculptor*, p. 222.
8 Cuauhtémoc Medina, *Age of Discrepancies*, p. 217.
9 Ibid., p. 230.
10 Entrevista con el artistca 24 de agosto de 2015.
11 Ibid.
12 Roberto Vallarino, "The Endless Adventure of Folding and Unfolding the Universe," *Sebastian Sculptor*, Mexico City, Fundación Sebastian, 2009, p. 305.
13 Sebastian, *La obra monumental de Sebastian*, p. 28.
14 Coincidentemente, Sebastian obsequió al Museo de Arte de Ciudad Juárez una réplica de *Tsuru* en 1999.
15 Representada en este catálogo por una versión de menor escala en plata.
16 Emely Baché, "The Geometry of Space and the Shape of Time," *Quantic Sebastian / Sebastian Cuántica*, p. 11.
17 *Cuántica Bola* es muy similar, aunque más pequeña, a la *Esfera Cuántica Tlahtolli*, 2014, de UTEP. La cual también pertenece a la serie *Cuánticas*.
18 Beatriz Rivas, "Luna de plata, un cuento," *Sebastian: la plata y el arte*, p. 152.
19 "New-genre public art" es un término acuñado en 1991 por la artista americana Suzanne Lacy para describir el arte público que es frecuentemente creado sin un apoyo institucional y que seguido tiene un componente activista.
20 Seth Dixon, "Mobile Monumental Landscapes: Shifting Cultural Identities in Mexico City's *El Caballito*," *Historical Geography*, 2009, pp. 37, 85.
21 *Geometric Intimacies*, p. 116.
22 Para una forma parecida ver *Arquitectura*, 2013 (lámina 16), de la serie *Cuánticas*.
23 Lorena Figueroa, "Border Monument: Juárez Sculpture to Be Dedicated May 24," *El Paso Times*, 2 May 2013, p.2.

17. ÁGUILA BICENTENARIO /
BICENTENNIAL EAGLE
2010
Drawing / Dibujo
100 x 90 cm
(39 3/8 x 35 7/16 in.)

# SEBASTIAN'S URBAN MONUMENTS: THE EMOTIONAL POWER OF NATURAL TRUTH

The most obvious and visual way to negotiate the vastness of Mexico City is by car. The passing view on the drive tells story after story about this profoundly textured urban place, and one sees the decades unspool before them, especially as one moves from the center of the city outward. Though throughout, occasional punctuations in the form of art and architecture from the 1960s through the '90s carry a certain playfulness of modernity-meets-nostalgia. It's one of the aesthetic hallmarks of Mexico City—this mix of the ancient and groovy—and adds immeasurably to the city's timeless cool.

The city's giant yellow sculpture at Alameda Central by the artist Sebastian, erected in 1992, is called *El Caballito* (*Little Horse*), and as public art it's as much a part of the environment as a creator of one: its curving geometry radiates warmth, humor, and an undeniable assertion of the city's close relationship to modernism. As you drive or walk around it, its social function is as pronounced or as integrated as you want it to be.

Because like any great and progressive global city in this age, Mexico City's art, architecture, landscaping, roadways, and public art span centuries but now feel organically interwoven as you move through it. The presence of *El Caballito* embodies one personality of the multi-faceted Mexico City—and it's a striking and expansive one at that—and for the city's residents and visitors, it's surely one of the most enduring and recognizable cultural symbols of this population of nearly nine million people.

Sebastian, who is based in Mexico City, is perhaps the most pre-eminent living artist of official and unofficial city symbols worldwide. His public works have been erected in cities all over the world, and depending on where they are and what the artist had in mind for each, they stand as gateways, mascots, touchstones, meeting places, mitigators of urban sprawl, leading edges of community improvement, cultural and ethnic integrators, and pointers to a city's evolution. They are feats of engineering and have architecture's command and authority without its specifically prescribed function—Sebastian's works instead aim to please, inspire, and ultimately, like all beloved urban landmarks, take root as a reassuring and consistent presence in the mind of the viewer.

This is not to say that Sebastian is simply creating slick modernist "hits." Far from it, as the philosophical and intellectual substance that underpins all of his works, including the largest ones—although implicit rather than explicit—is what has kept Sebastian on the public's radar for what is now going on six decades.

Sebastian's primary concerns about structure, engineering, and physics, which begin at the molecular level and grow to embrace and embody the spectacular in his monumental works, are something that cities and art lovers have come to expect from him. His monuments communicate both a formal puzzle and its solution in one striking form, and allow the surrounding community to project onto them what it needs at any given moment. Since for Sebastian time is as important to matter's existence as form, it makes perfect sense that the formal appeal of his work morphs along with a city's psychological disposition. And as individual artworks, what begin as meditations on the scientific ultimately manifest themselves as something emotionally accessible and even quite charged.

The basic notion here is that Sebastian's interest in and statement of basic physical, natural truths–how the universe organizes (and reorganizes) itself–are condensed and explicit when he presents them in smaller form, with the best examples included in this exhibition. And then, as his works grow in size, they take on a majesty and generosity that allow anyone who interacts with them to bring their own game of perception and association.

Sebastian's work is firmly rooted in the time he came of age as an artist in Mexico, which was an age of Minimalism (and its take on formalism), and his early sense of possibility was shaped by work being made and shown in Mexico by international and regional artists and architects such as Mathias Goeritz and Luis Barragán, who were making large abstract sculptures of reinforced concrete in the 1950s. And while this slightly older generation was pushing modernism's early and mid-century concerns into postwar Minimalism, Sebastian went beyond their interest in abstract reasoning of space, as his intense grasp of the nobility and logic of geometry propelled his own explorations. For Sebastian, the emotional content of this building block of the natural world is as joyous and undeniable as any human expression. How to translate that into art for the masses? The answer is well embodied in what he produces. His art feels completely grounded in natural truth, which in turn elicits a kind of blissed-out visual experience for the viewer.

This exhibition at the El Paso Museum of Art, in presenting the works by Sebastian that can fit into a building, cannot (for obvious reasons) fully communicate what it feels like–the emotional sweep–to come upon a Sebastian city sculpture. But the works on view here are the marvelous distillations of his working mind, and that's really where we must begin with Sebastian in order to fully appreciate the scope of his talent.

Because there is a special gift in an artist's ongoing ability to capture the public's imagination. Another indelible and massive Sebastian sculpture resides just east of Mexico City in what is thought of as one of the world's largest slums. Neza City, or Ciudad Nezahualcóyotl (which is part of the larger Neza-Chalco-Itza settlement) has its own official mascot, a fasting coyote, and in 2008 a huge red bio-geometric coyote by Sebastian was erected in Neza's center. As is often the case, one artist's work can lead directly or indirectly to one's awareness of another artist's work, and after watching an iconic independent film by Mexico City artist Sarah Minter–a thoroughly haunting piece of 1987 cinéma vérité called *Nadie es inocente* (*No One Is Innocent*), which was set in Neza City–my own research took me off in the direction of Neza, and the image that cropped up again and again was of course Sebastian's coyote. He stands sentry over the neighborhood, nearly 130 feet tall, his nose pointed toward the sky.

Neza City has changed drastically since 1987, and even since 2008, and the endless flat and dusty shanties and dumps have given way to a more distinct and lively urban backdrop for its citizens. It seems poetic that the coyote, with his heroically upthrust snout, has recently undergone a thorough restoration. Like any dense urban community, Neza City evolves, survives, and thrives. And so Sebastian's coyote survives and thrives, and modernism is alive and well in Mexico and beyond, and the work of Sebastian is moving into the future with all of us.

**Christina Rees**
Gallerist and Glasstire.com Critic

# LOS MONUMENTOS URBANOS DE SEBASTIAN: EL PODER EMOCIONAL DE LA VERDAD NATURAL

La mejor manera de conocer la inmensidad de la Ciudad de México es a través de un recorrido en auto. La vista pasajera durante el viaje refleja la historia de este lugar urbano profundamente texturizado, y a medida que nos trasladamos desde el centro de la ciudad hacia los alrededores, podemos observar vestigios de cada una de las décadas transcurridas en la ciudad. En todas partes, las expresiones del arte y la arquitectura de la década de 1960 hasta los años 90 transmiten una cierta alegría de modernidad combinada con nostalgia. Es una de las características estéticas de la ciudad de México, donde se combina lo antiguo y lo maravilloso de su arte. Esto aporta una frescura intemporal a la ciudad.

La escultura amarilla gigante situada en la Alameda Central de la ciudad, por el artista Sebastian y erigida en 1992, recibe el nombre de *El Caballito* y, como arte público, es una parte tan importante del medio ambiente como lo es su creador: su geometría curva irradia calidez, humor y una innegable afirmación de la estrecha relación que mantiene la ciudad con el modernismo. Cuando usted conduce o camina alrededor de ella, su función social es tan pronunciada o integrada como usted realmente quiere que sea.

Como cualquier gran ciudad global y progresista de este siglo, el arte, la arquitectura, el paisajismo, las carreteras y el arte público de la Ciudad de México sobrepasan los siglos, pero ahora se sienten orgánicamente entrelazados a medida que se transita por ellos. La presencia de *El Caballito* encarna una personalidad de la polifacética Ciudad de México. Para los residentes y visitantes de la ciudad, es sin duda uno de los símbolos culturales más perdurables y reconocibles de esta población de casi nueve millones de personas.

Sebastian, que vive en la Ciudad de México, es quizás el artista viviente más preeminente que ha trabajado con los símbolos oficiales y no oficiales de la ciudad alrededor del mundo. Sus obras públicas se han erigido en distintas ciudades del mundo, y en función de dónde están situadas y lo que el artista tuvo en mente para cada una de ellas, se destacan distintas representaciones como puertas, mascotas, piedras de toque, lugares de encuentro, mitigadores de expansión urbana, tecnología de punta en mejora comunitaria, integradores culturales y étnicos, e indicadores de la evolución de una ciudad. Son maravillas de la ingeniería y tienen el sustento de la arquitectura sin su función prescrita específicamente. Las obras de Sebastian tienen como objetivo complacer, inspirar, y en última instancia, agradar todos los monumentos urbanos queridos, de manera que se fortalezcan como una presencia tranquilizadora y consistente en la mente del espectador.

Esto no quiere decir que Sebastian está simplemente creando "hits" modernistas. Lejos de ello realmente. Dado que la sustancia filosófica e intelectual que sustenta todas sus obras, incluyendo las más grandes, aunque más implícita que explícitamente, es lo que ha mantenido a Sebastian sobre el radar del público durante seis décadas.

Las principales preocupaciones de Sebastian sobre la estructura, la ingeniería y la física, que comienzan desde el nivel molecular y crecen gradualmente para abrazar y encarnar lo espectacular de sus obras monumentales, han estado bajo la expectativa de las ciudades y los amantes del arte. Sus monumentos comunican tanto un rompecabezas formal como su solución de una forma sorprendente, y permiten a la comunidad circundante proyectar en ellos lo que necesita en un momento dado. Desde que el tiempo es tan importante para Sebastian en relación a la existencia de la materia como forma, tiene un verdadero sentido que la apelación formal de su obra se transforme junto con una disposición psicológica de la ciudad. Y como obras de arte individuales, que comienzan como meditaciones sobre los aspectos científicos, se manifiestan en última instancia como algo emocionalmente accesible e incluso bastante intenso.

La idea primordial aquí es que el interés de Sebastian y la declaración de verdades naturales, físicas y básicas (cómo el universo se organiza y reorganiza), se condensan y quedan explícitas cuando él las presenta en forma más pequeña, con los mejores ejemplos incluidos en esta exposición. Y entonces, como sus obras aumentan en tamaño, alcanzan una majestuosidad y generosidad que permite a cualquier persona que interactúa con ellas, realizar su propio juego de la percepción y asociación.

La obra de Sebastian está firmemente arraigada al momento en el que alcanzó la madurez como artista en México (época identificada con el Minimalismo) y su sentido inicial de posibilidad fue moldeado por el trabajo realizado y exhibido en México por artistas y arquitectos locales e internacionales como Mathias Goeritz y Luis Barragán, quiénes estuvieron haciendo grandes esculturas abstractas de hormigón armado en la década de 1950. Y mientras esta generación un poco mayor planteaba las preocupaciones existentes sobre el modernismo desde principios hasta mediados del siglo en el marco del Minimalismo de posguerra, Sebastian fue más allá de su interés en el razonamiento abstracto del espacio, como su intensa comprensión de la nobleza y lógica de la geometría impulsó sus propias exploraciones. Para Sebastian, el contenido emocional de este bloque de construcción del mundo natural es tan alegre e innegable como cualquier expresión humana. ¿Cómo traducir eso en arte para las masas? La respuesta está bien incorporada en lo que él produce. Su arte se siente completamente fundamentado en la verdad natural, que a su vez provoca una especie de experiencia visual llena de encanto para el espectador.

Por razones obvias, esta exposición en el Museo de Arte de El Paso con la presentación de las obras de Sebastian no puede comunicar plenamente lo que se siente desde el punto de vista emocional, al descubrir una escultura de la ciudad de Sebastian. Pero las obras expuestas aquí representan las maravillosas destilaciones de su mente creativa, y es allí donde realmente debemos comenzar a entender a Sebastian para apreciar plenamente el alcance de su talento.

Capturar la imaginación del público es un regalo especial en la capacidad permanente de un artista. Otra escultura indeleble y masiva de Sebastian reside justo al este de la Ciudad de México en lo que se considera como uno de los barrios marginales más grandes del mundo. Ciudad Neza o Ciudad Nezahualcóyotl (que es parte del gran asentamiento Neza-Chalco-Itzá) tiene su propia mascota oficial: un coyote en ayuno. Durante el año 2008, un enorme coyote geométrico rojo fue erigido por Sebastian en el centro de Neza. Como suele ser el caso, el trabajo de un artista puede conducir nuestra conciencia directa o indirectamente al trabajo de otro artista, y después de ver una película independiente icónica realizada por la artista mexicana Sarah Minter en Ciudad Neza (una pieza inquietante del cine de realidad o cinéma vérité del año 1987 llamada *Nadie es inocente*), mi propia investigación me llevó hacia Ciudad Neza, y la imagen que surgió una y otra vez fue del supuesto coyote de Sebastian. La estructura se levanta sobre el barrio a 130 pies de altura, con la nariz apuntando hacia el cielo.

Ciudad Neza ha cambiado drásticamente desde 1987 y aún más desde el año 2008. Las interminables llanuras, las chabolas polvorientas y los desechos han dado paso a un contexto urbano más claro y vivo para sus ciudadanos. Parece poético que el coyote, con su hocico heroicamente mirando hacia arriba, haya sido objeto recientemente de una restauración minuciosa. Como cualquier comunidad urbana densa, Ciudad Neza evoluciona, sobrevive y prospera. Y de esta manera, el coyote de Sebastian también sobrevive y prospera, el modernismo está vivo en México y más allá de sus fronteras, y el trabajo de Sebastian mira hacia el futuro con gran optimismo.

**Christina Rees**
Dueña de galería y crítica de Glasstire.com

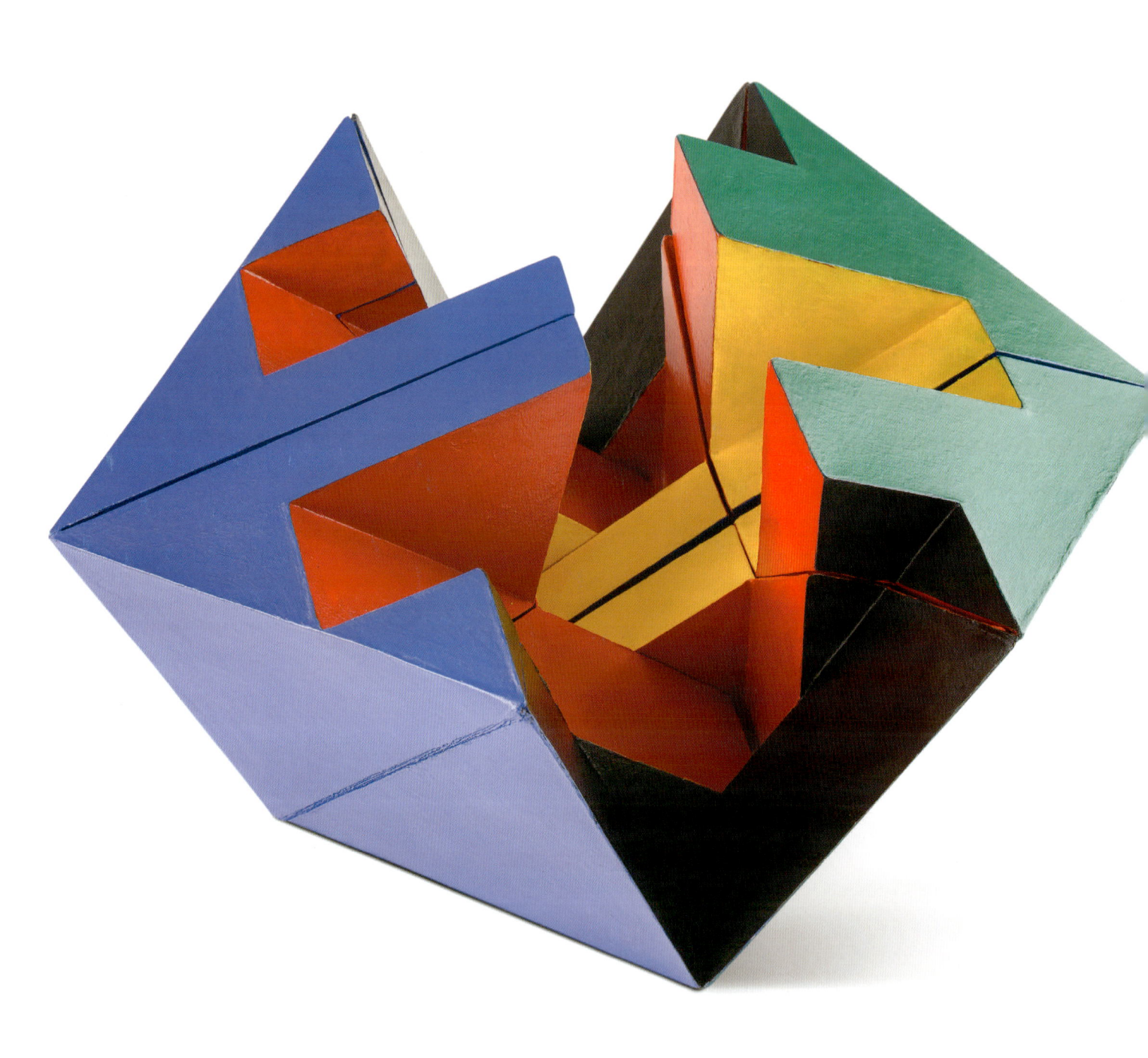

**21. DECONSTRUCTIVISTA / DECONSTRUCTIVIST**
1970
Cardboard / Cartón
20 x 20 x 20 cm (7 7/8 x 7 7/8 x 7 7/8 in.)

# SEBASTIAN: TRANSFORMING ART AND MATHEMATICS

There are many artists out there who claim to be inspired by mathematical or geometrical themes but just lack the depth and training to pull it off. Sebastian's work is somehow formal, yet sensual, cool and lush, cerebral and exuberant. He is able to draw on a range of genuinely interesting mathematical ideas and tools and put them to the service of his art. His is the real deal.

Sebastian's *Transformables* are among his most intimate and most overtly mathematical works, and these can only be appreciated by watching them in action, or even better, handling them. Essentially, these are loops of pieces that fold up into cube-shaped forms, then can be unfolded, elongated, refolded, and fitted together in new and interesting ways. Inspired by "hexaflexagons," popularized by Martin Gardner's seminal 1956 *Scientific American* article, Sebastian devised an entirely new but related mechanism in the 1960s.

(Interestingly, a few years later, Naoki Yoshimoto [born 1940] found essentially the same structure, and in the early 1980s produced a best-selling toy version, still sold today in the MoMA gift shop in New York. But Yoshimoto seems to have been motivated more as a geometer and never progressed beyond his original form. Sebastian explores a much wider range of possibilities, to more interesting effect.)

Similarly, Sebastian's *Isotopic Torus* (plate 2) is a surprising meditation on symmetry–if we were to rotate the piece 90°, it would look the same as if we had done nothing, and so the four-fold symmetry around the piece is obvious to the viewer. If the sculpture (and our imaginations) were a little flexible, there is another four-fold symmetry that "rolls" the piece through itself. But more brain-bendingly, there is yet another symmetry in the sculpture, swapping the entire universe outside the piece with the hidden space in the interior of the piece! (This is difficult to visualize without some practice, but this "inversion" is a common tool in some areas of mathematics.) Amazingly, other than swapping the painted exterior with the hidden untreated interior, this inversion would leave the piece looking the same as if we had done nothing. Truly this is an isotopic torus!

Sebastian's elegant *Quantics* highlight the formal control and mathematical constraints inherent in much of his work. Simultaneously spare and richly complex, the interpenetrating bodies building up these quantics are (for the most part) themselves derived from familiar cones and cylinders, but with subtle and interesting geometric effects.

Walking around *Quantic Paradigm I* (plate 14), for example, or *Esfera Cuántica Tlahtolli*, recently installed at the University of Texas at El Paso, you will see shifting profiles of interlocking squares and circles–each of the bodies making up the piece appears circular from some directions, square from others. Think about that for a moment. Is that even possible?

Is it possible in lots of ways?

Sebastian places the answer before your eyes. In these sculptures, he uses a variety of forms with these properties: cylinders (which are obviously circular when viewed from the end, but perhaps less obviously square from the side); pairs of cones joined along their bases (which are circular seen from the pointed end, and square when viewed from the plane of their bases); and the common, but usually invisible, form shaped by two intersecting cylinders. Look for it![1]

More fundamentally, and more subtly, cones and cylinders are among the comparatively few "flat" surfaces, in essence, that can be shaped from flat sheets of material by rolling and bending, but not stretching or distorting. In other words, the flat surfaces are exactly what can be made from a piece of paper, steel, or stiff fabric.

This is a severe formal constraint for anyone working with such material, and is explicitly addressed in many of Sebastian's works. Though a bit technical, to me this is one of the most interesting and exciting aspects of his work, as I'd like to explain. Mathematically, *every* "flat" surface is, within a small enough region, a piece of a cone, a cylinder, a plane, or some other form–the nameless surface formed by pencil shavings, the tilted floors of helical chutes, or stretched out, endless coils, flat rings of paper.

You can see this for yourself in *Corset II* (plate 43): as the surface twists around, any small enough region is equivalent to a small piece of a cone or a plane, the size and shape of these pieces of cone gently changing as one traces along the surface.

Not unexpectedly, many artists have explored flat surfaces–by definition, these are the surfaces that can actually be manufactured, at least from flat materials. Richard Serra's monumental steel plates are perhaps the purest and most austere studies of this kind of flatness: even the massive tools used in ship building and other industrial settings cannot stretch or distort steel plates very much, and small pieces of stiff cardboard are a good model for Serra's giant sculptures.

More interestingly, Sebastian shows how to join flat surfaces into sinuous and sensual forms, in many different formal styles, as seen in virtually every piece in this exhibition. This is particularly subtle in the various *Parallel Universes* pieces, or public sculptures such as the *Torch of Friendship* (San Antonio, 2002) or *Awaiting the Mariner* (Dublin, 2002).

In these pieces, Sebastian confronts the following technical issue: How can "flat" ribbons of material be joined together to follow the artist's choice of curve in space? What limitations constrain the artist, and how can these be overcome?

This is indeed a very subtle problem, whether from an artistic, mathematical, or engineering standpoint, and one that can consume a lifetime: Clement Meadmore (1929–2005) took on this question in ascetic, reduced form, exploring over decades the bodies formed by a square following a curve in space, piecing together its boundary from flat sheets of steel.

(Interestingly, Meadmore's *Janus* was installed in Mexico City in 1968, early in Sebastian's career, and so perhaps was an influence.) Like Sebastian, Meadmore's contemporary Charles O. Perry (1929–2011) explored a wider, more exuberant range of these forms, with ribbons following knots, waves, coils–this show's *Trivial Variation* (plate 48) reflects Perry's *Thrice* (Minneapolis, 1973) and its many variations.

Indeed, to my mind Perry and Sebastian stand apart among artists who incorporate strong technical, geometric knowledge into their work; and not surprisingly, there are many formal similarities between many of their pieces. (Sebastian's *Sphere* [plate 30] and Perry's *Mace* sculptures, for example, follow the elementary, endlessly refined form of perpendicular semi-circles.) But above all, these tools are in the service of gorgeous, sensual form–a pleasure to take in and enjoy.

**Chaim Goodman-Strauss**
Professor of Mathematics, University of Arkansas, Fayetteville

---

ENDNOTES

1 The top part of the intersection of two cylinders appears in many Mexican homes, as beautiful *boveda* ceilings. In cathedrals, this form often appears in the vaulting above the altar, where the transept crosses the nave.

# SEBASTIAN: TRANSFORMANDO EL ARTE Y LAS MATEMATICAS

Existen muchos artistas que afirman estar inspirados por temas matemáticos o geométricos, pero carecen de la profundidad y la formación para plasmarlos en el plano práctico. La obra de Sebastian es de alguna manera formal, pero sensual, fresca, exquisita, cerebral y exuberante. Él es capaz de disponer de una serie de ideas y herramientas matemáticas realmente interesantes y ponerlas al servicio de su arte. La genialidad de su arte es el verdadero negocio.

Las *Transformables* de Sebastian se encuentran entre sus obras más íntimas e identificadas con las matemáticas. Sólo pueden ser apreciadas al verlas en acción, o mejor aún, manipulándolas. En esencia, se trata de bucles de piezas que se pliegan en forma de cubos, y luego se pueden desplegar, alargar, replegar y equipar juntos en formas nuevas e interesantes. Inspirado por "Hexaflexágonos", popularizado por el artículo publicado por Martin Gardner en la revista *Scientific American* durante el año 1956, Sebastian ideó un nuevo mecanismo aunque relacionado con los años 1960.

(Curiosamente, unos años más tarde, Naoki Yoshimoto [nacido en 1940] descubrió esencialmente la misma estructura, y en la década de 1980 produjo una de las versiones de juguete más vendidas. Dicha versión todavía se vende hoy en día en la tienda de regalos MoMA de Nueva York. Sin embargo, Yoshimoto parece haber encontrado una mayor motivación en el ámbito de la geometría y nunca progresó más allá de su forma original. Sebastian explora una gama mucho más amplia de posibilidades, a fin de hallar un efecto más interesante.)

Del mismo modo, el *Torus Isotópico* (lámina 2) es una sorprendente meditación sobre la simetría. Si tuviéramos que girar la pieza 90°, se vería del mismo modo que si no hubiéramos hecho nada, y así la simetría de cuatro dimensiones alrededor de la pieza resultaría evidente para el espectador. Si la escultura y nuestra imaginación fueran un poco flexibles, hay otra simetría de cuatro dimensiones que "enrolla" la pieza a través de sí misma. ¡Pero es más complicado de entender la existencia de otra simetría en la escultura, al intercambiar todo el universo fuera de la pieza con el espacio oculto en el interior de la misma! (Esto es difícil de visualizar sin un poco de práctica, pero esta "inversión" es una herramienta común en algunas áreas de las matemáticas.) Sorprendentemente, además de intercambiar el exterior pintado con el interior oculto, esta inversión dejaría la pieza con el mismo aspecto que si no hubiéramos hecho nada. ¡En verdad se trata de un toro isotópico!

Las *Cuánticas* elegantes de Sebastian resaltan el control formal y las limitaciones matemáticas inherentes a la mayor parte de su obra. En forma sobria y compleja, los cuerpos interpenetrantes reúnen estas cuánticas (en su mayor parte) derivadas de conos y cilindros familiares, pero con efectos geométricos sutiles e interesantes.

Recorriendo *Paradigma Cuántica I* (lámina 14), por ejemplo, o *Esfera Cuántica Tlahtolli* instalada recientemente en la Universidad de Texas en El Paso, se pueden ver los perfiles cambiantes de círculos y cuadrados entrelazados entre sí (cada uno de los cuerpos haciendo que las piezas aparezcan en forma circular desde algunas direcciones y cuadradas desde otras). Piense en eso por un momento. ¿Resulta posible? ¿Es posible en muchas maneras?

Sebastian coloca la respuesta ante sus ojos. En estas esculturas, él utiliza una variedad de formas con estas propiedades: cilindros (que son obviamente circulares cuando se les ve desde un extremo, pero quizás menos cuadrados desde uno de sus lados); pares de conos unidos a lo largo de sus bases (que son circulares vistos desde el extremo puntiagudo, y cuadrados cuando se ven desde el plano de sus bases); y lo común, pero por lo general invisible, una forma determinada por dos cilindros que se cortan. ¡Búsquelo![1]

De manera más sutil, los conos y cilindros se encuentran entre las pocas superficies relativamente "planas" que pueden presentarse en forma de láminas de material liso al extenderse y doblarse, sin ser estiradas o distorsionadas. En otras palabras, las superficies planas se pueden elaborar mediante un pedazo de papel, acero, o tela rígida.

Esta es una restricción formal severa para cualquiera que trabaje con ese material, y se aborda explícitamente en muchas de las obras de Sebastian. Aunque un poco técnico, para mí este es uno de los aspectos más interesantes y emocionantes de su trabajo. Matemáticamente, *cada* superficie "plana" es, dentro de un campo bastante reducido, una pieza de un cono, un cilindro, un plano, o alguna otra forma (la superficie sin nombre formada por punta de lápiz, pisos inclinados de toboganes helicoidales o estirados, bobinas interminables, anillos planos de papel).

Cada persona lo puede apreciar por sí misma en *Corset II* (lámina 43) como la superficie gira alrededor, cualquier campo bastante pequeño es equivalente a una diminuta porción de un cono o un plano. El tamaño y la forma de estas piezas de cono cambian gradualmente conforme a cómo se las dibuje a lo largo de la superficie.

Como era de esperar, muchos artistas han explorado superficies planas. Éstas son las superficies que pueden ser fabricadas a partir de materiales lisos. Las placas de acero monumentales de Richard Serra son quizás los estudios más puros y austeros que se han hecho sobre este tipo de superficie: incluso las herramientas masivas utilizadas en la construcción de barcos y otras instalaciones industriales no pueden estirar o distorsionar las placas de acero en gran medida, y los pequeños trozos de cartón duro son un buen modelo para las esculturas gigantes de Serra.

De forma más interesante, Sebastian muestra cómo unir superficies planas dentro de formas sinuosas y sensuales, en muchos estilos formales diferentes, como se ve en casi todas las piezas exhibidas en esta exposición. Esto se muestra de modo sutil en las diferentes piezas de *Universos paralelos*, o esculturas públicas como la *Antorcha de la Amistad* (San Antonio, 2002) o *Esperando al Marinero* (Dublín, 2002).

En estas piezas, Sebastian enfrenta el siguiente problema técnico: ¿Cómo pueden las cintas de material "plano" permanecer unidas para seguir la elección del artista de la curva en el espacio? ¿Qué limitaciones restringen al artista y cómo se pueden superar?

Este es de hecho un problema muy sutil, ya sea desde un punto de vista artístico, matemático o de la ingeniería, y que puede durar toda la vida: Clemente Meadmore (1929–2005) ha explorado durante décadas los cuerpos formados por un cuadrado después de una curva en el espacio, juntando su extremo de láminas de acero planas (curiosamente, el *Janus* de Meadmore se instaló en la ciudad de México en 1968, al principio de la carrera de Sebastian, y tal vez fue una influencia para él). Al igual que Sebastian, contemporáneo de Meadmore, Charles O. Perry (1929–2011) exploró un rango más amplio y exuberante de estas formas con cintas siguiendo nudos, ondas, bobinas. La *Variación Trivial* (lámina 48) de este espectáculo refleja el *Thrice* de Perry (Minneapolis, 1973) y sus muchas variantes.

De hecho, en mi opinión, Perry y Sebastian se distinguen entre los artistas que incorporan gran conocimiento técnico y geométrico en su trabajo. No es sorprendente que haya muchas similitudes formales entre varias de sus piezas (las esculturas *Esfera* [lámina 30] de Sebastian y *Mace* de Perry, por ejemplo, siguen la forma infinitamente refinada y elemental de los semicírculos perpendiculares). Pero, sobre todo, estas herramientas están al servicio de la forma hermosa y sensual –un placer para tener y disfrutar.

**Chaim Goodman-Strauss**
Profesor de Matemáticas de la Universidad de Arkansas, Fayetteville

---

### NOTAS

1 La parte superior de la intersección de dos cilindros aparece en muchos hogares mexicanos, como en los hermosos techos de *bóveda*. En las catedrales, esta forma a menudo aparece en la bóveda sobre el altar, donde el transepto cruza la nave

# PLATES / LAMINAS

**KNOT** The Art of Sebastian | 39

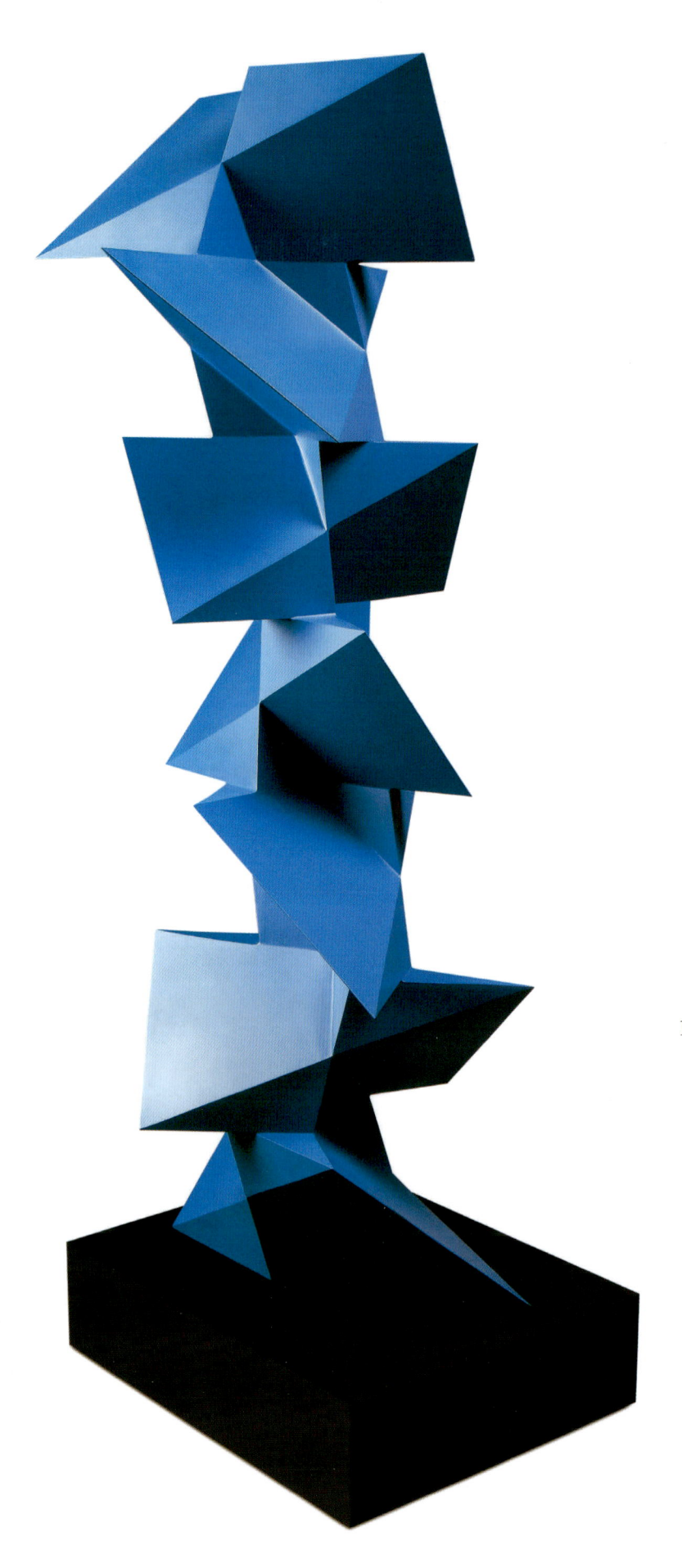

1. **CUARZITA / QUARTZITE**
1989
Iron with acrylic enamel /
Fierro con esmalte acrílico
200 x 48 x 48 cm
(78 3/4 x 18 7/8 x 18 7/8 in.)

2. **TORUS ISOTÓPICO / ISOTOPIC TORUS**
2002
Iron with acrylic enamel / Fierro con esmalte acrílico
133.5 x 150 x 90 cm (52 9/16 x 59 1/16 x 35 7/16 in.)

**3. BOLA CUÁNTICA / QUANTIC BALL**
2014
Iron with acrylic enamel / Fierro con esmalte acrílico
270 x 180 x 180 cm (106 5/16 x 70 7/8 x 70 7/8 in.)

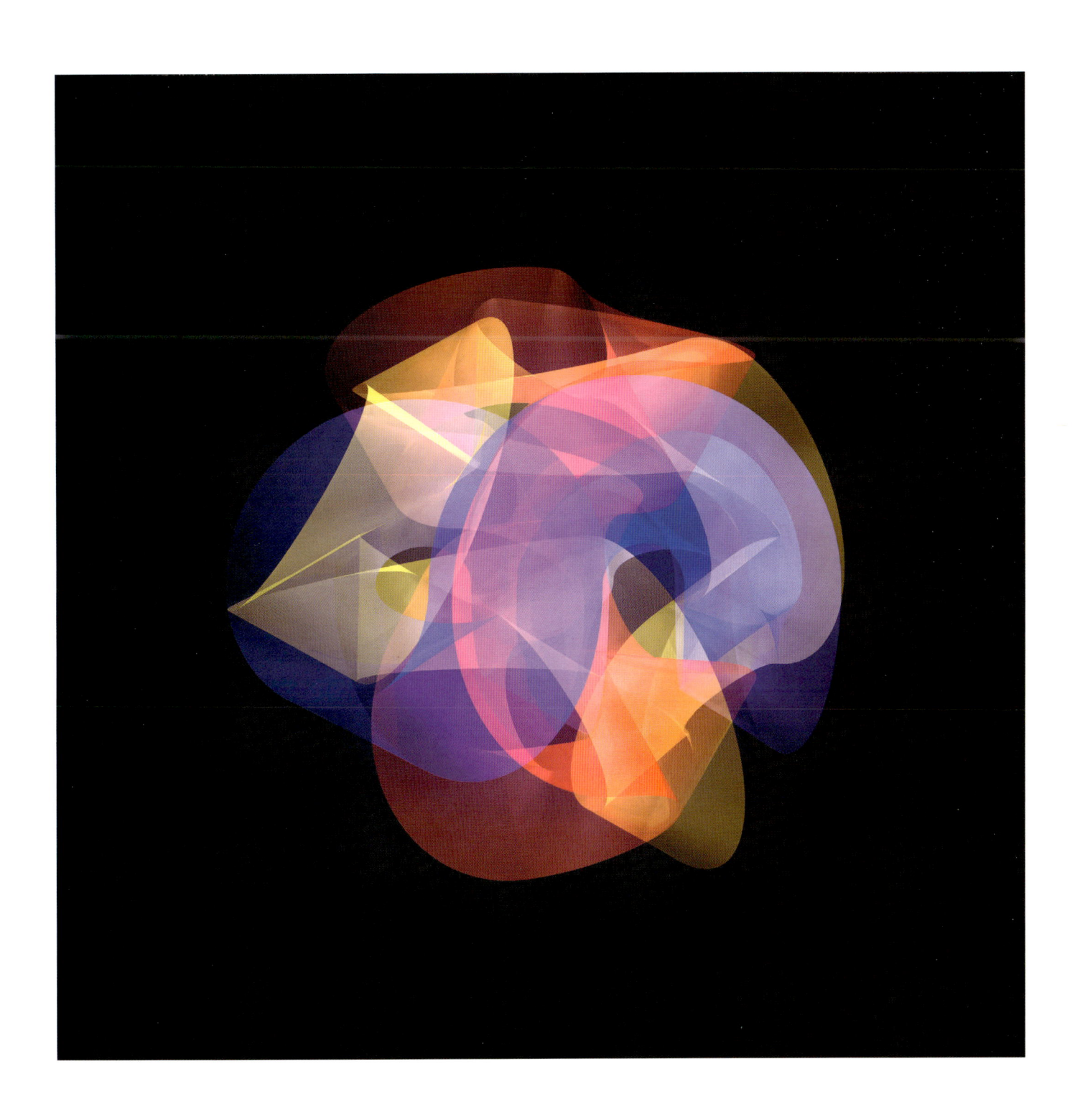

4. **CALABI I**
2008
Digital print / Impresión digital
152.4 x 152.4 cm (60 x 60 in.)

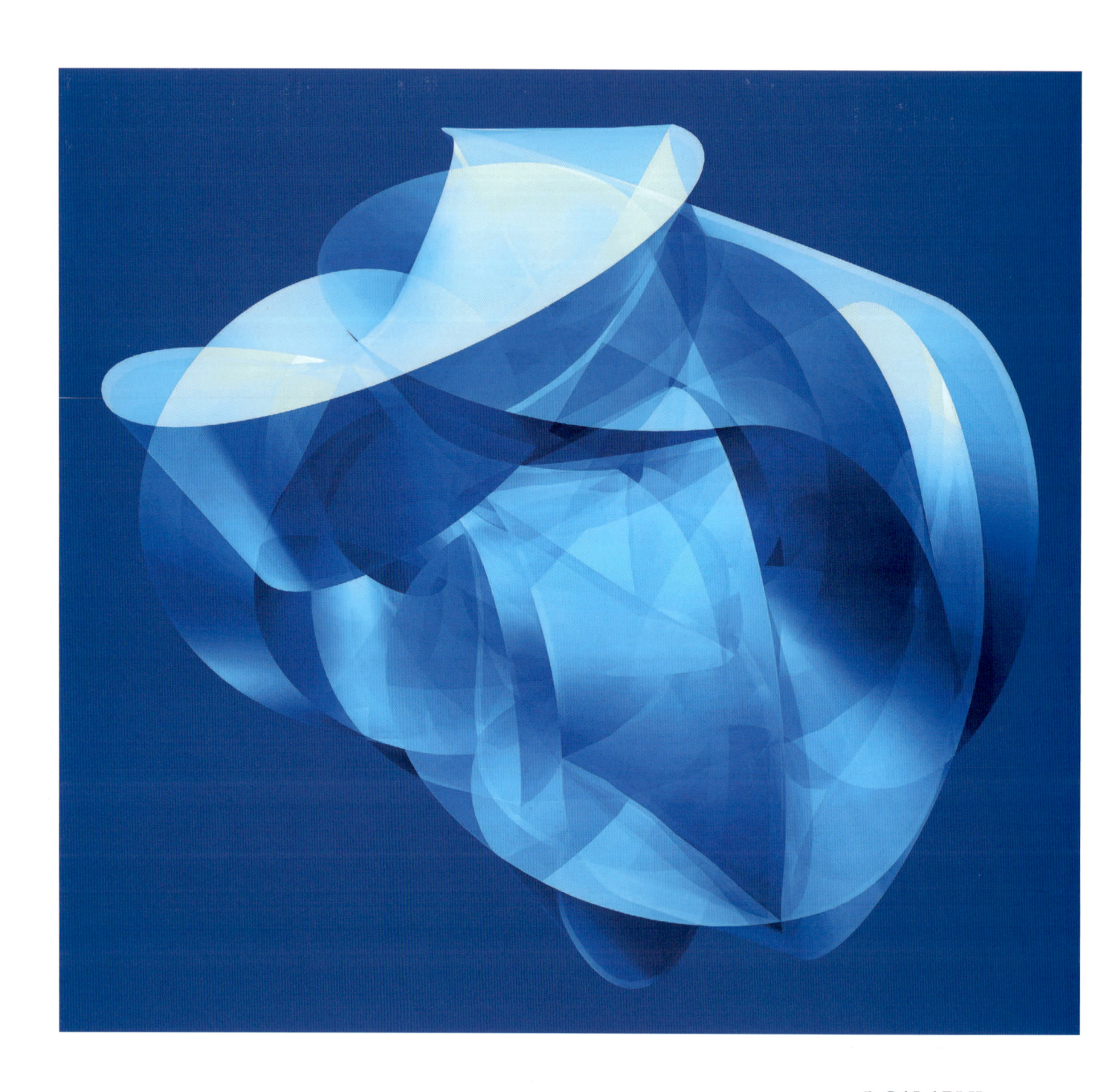

5. CALABI II
2008
Digital print / Impresión digital
152.4 x 152. 4 cm (60 x 60 in.)

6. **CALAVI YAU**
2008
Digital print / Impresión digital
152.4 x 152. 4 cm (60 x 60 in.)

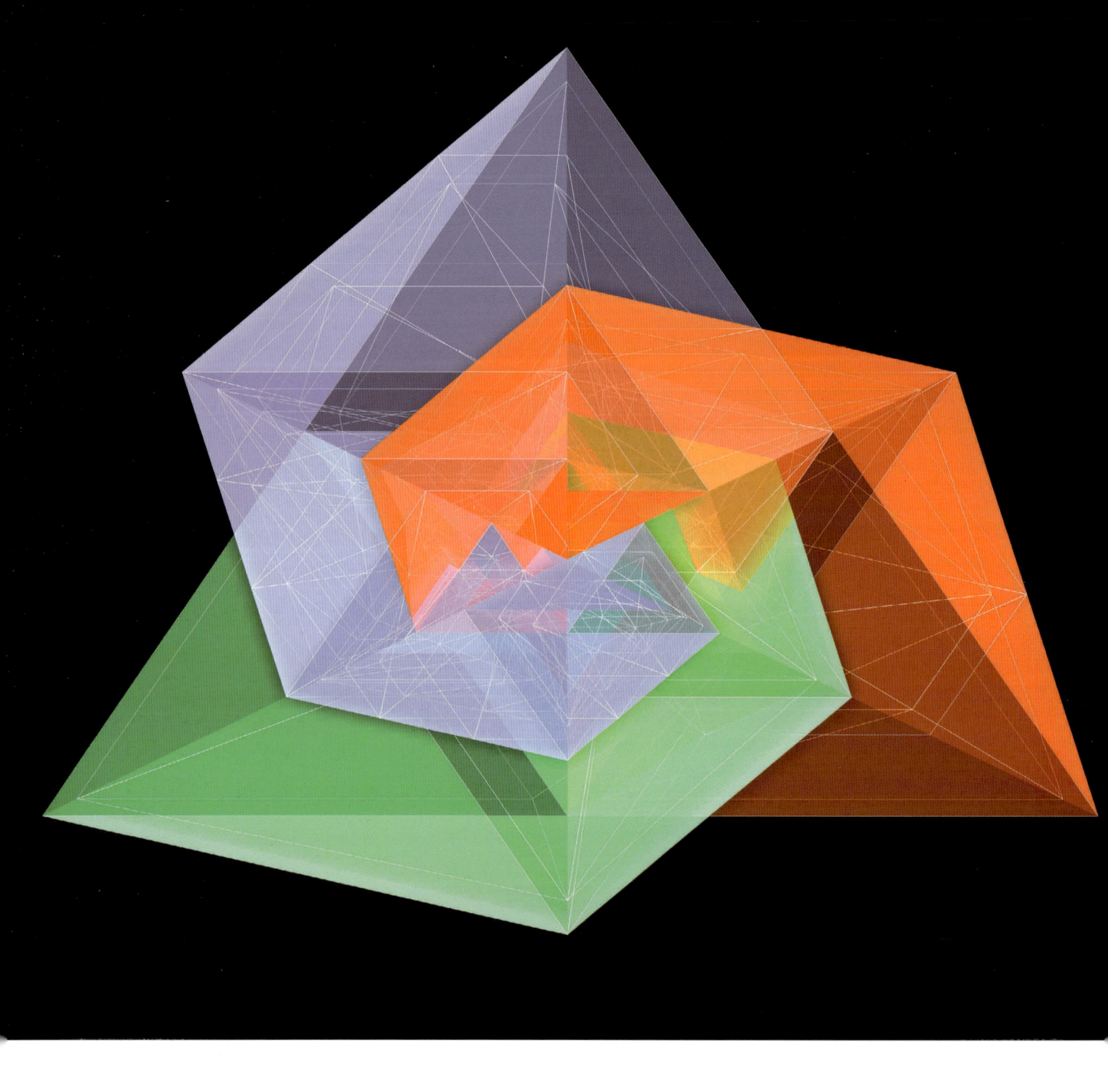

**7. TURBULENCIA / TURBULENCE**
2008
Digital print / Impresión digital
152.4 x 152. 4 cm (60 x 60 in.)

**8. TRANSFORMABLES I**
1972
Drawing / Dibujo
96.5 x 76.2 cm (38 x 30 in.)

KNOT The Art of Sebastian | 47

9. **TRANSFORMABLES II**
1972
Drawing / Dibujo
96.5 x 76.2 cm (38 x 30 in.)

10. **TRANSFORMABLES III**
1972
Drawing / Dibujo
96.5 x 76.2 cm (38 x 30 in.)

**11. BRAZALETE TRIESFERICÓN / TRISPHERICON BRACELET**
2007
Silver / Plata
9.3 x 8.5 x 11 cm (3 11/16 x 3 3/8 x 4 5/16 in.)

12. **TSURU**
1996
Silver / Plata
31 x 13 x 9 cm (12 3/16 x 5 1/8 x 3 9/16 in.)

13. NEZAHUALCÓYOTL (COYOTE)
2007
Silver / Plata
22 x 19.5 x 13 cm (8 11/16 x 7 11/16 x 5 1/8 in.)

**14. CUÁNTICA PARADIGMA I / QUANTIC PARADIGM I**
2013
Bronze / Bronce
18 x 23.5 x 18 cm (7 1/16 x 9 1/4 x 7 1/16 in.)

**15. NUBE CUÁNTICA II / QUANTIC CLOUD II**
2013
Bronze / Bronce
23 x 74 x 24.5 cm (9 1/16 x 29 1/8 x 9 5/8 in.)

**16. ARQUITECTURA / ARCHITECTURE**
2013
Bronze / Bronce
23 x 64 x 23 cm (9 1/6 x 25 3/16 x 9 1/16 in.)

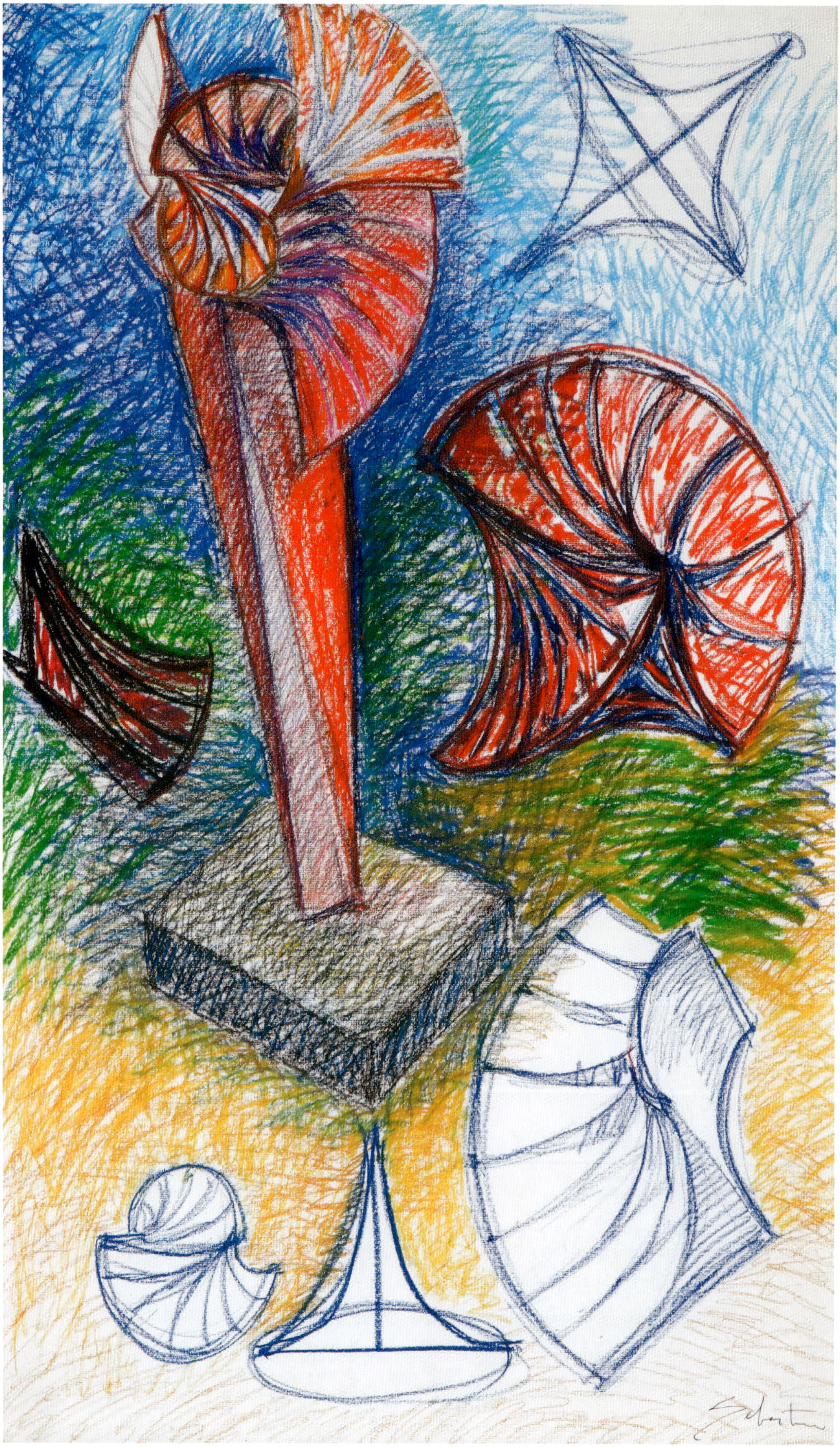
Sebastian

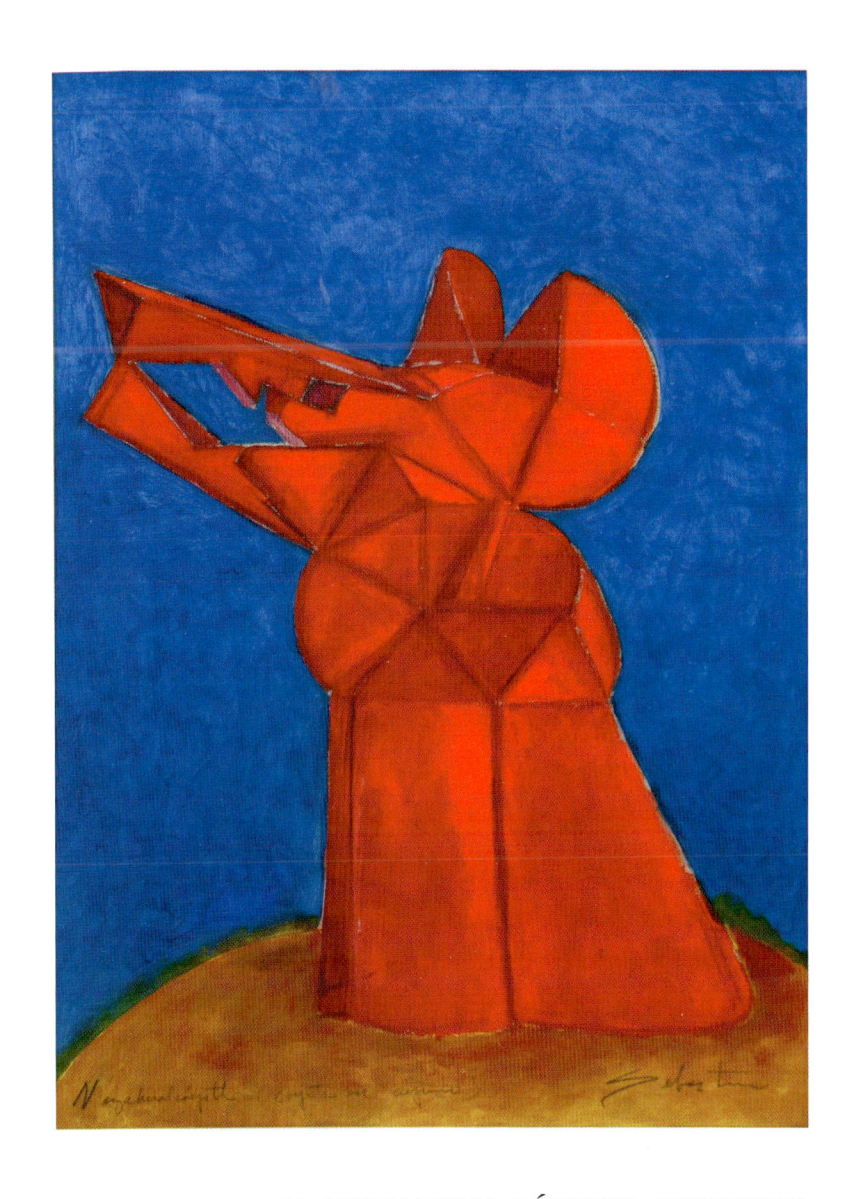

**18. NEZAHUALCÓYOTL (COYOTE)**
2007
Drawing / Dibujo
100 x 90 cm (39 3/8 x 35 7/16 in.)

**17. ÁGUILA BICENTENARIO / BICENTENNIAL EAGLE**
2010
Drawing / Dibujo
100 x 90 cm
(39 3/8 x 35 7/16 in.)

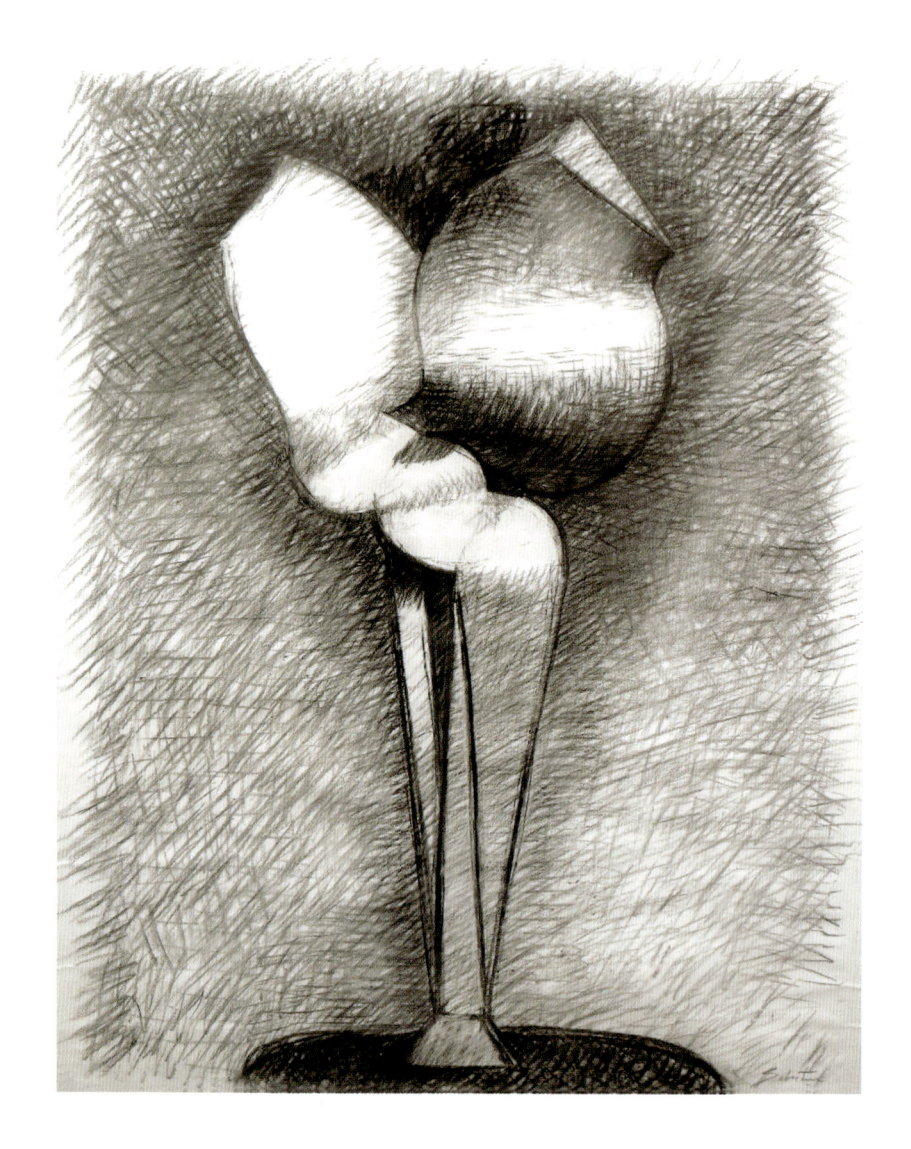

**19. TSURU**
1996
Drawing / Dibujo
100 x 90 cm (39 3/8 x 35 7/16 in.)

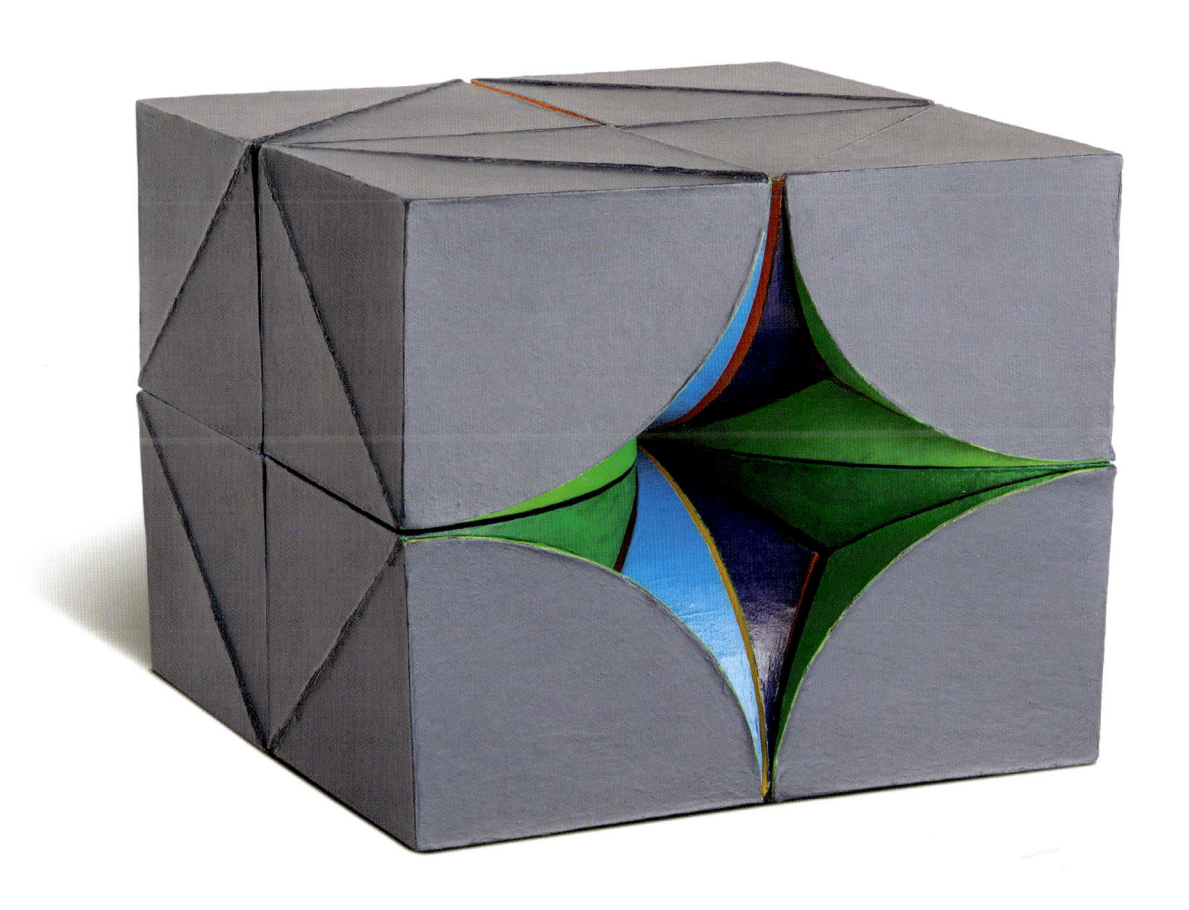

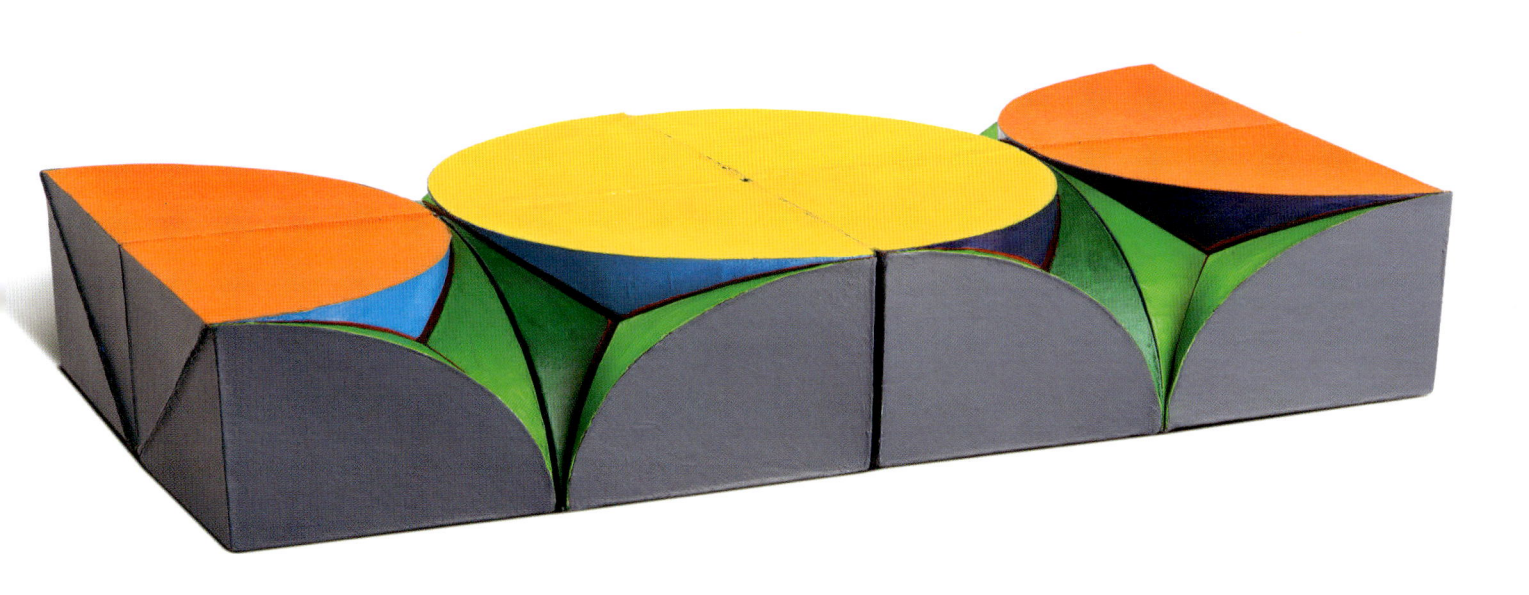

**20. TRIBUTO A TAMAYO / TRIBUTE TO TAMAYO**
1970
Cardboard / Cartón
20 x 20 x 20 cm (7 7/8 x 7 7/8 x 7 7/8 in.)

21. **DECONSTRUCTIVISTA / DECONSTRUCTIVIST**
1970
Cardboard / Cartón
20 x 20 x 20 cm (7 7/8 x 7 7/8 x 7 7/8 in.)

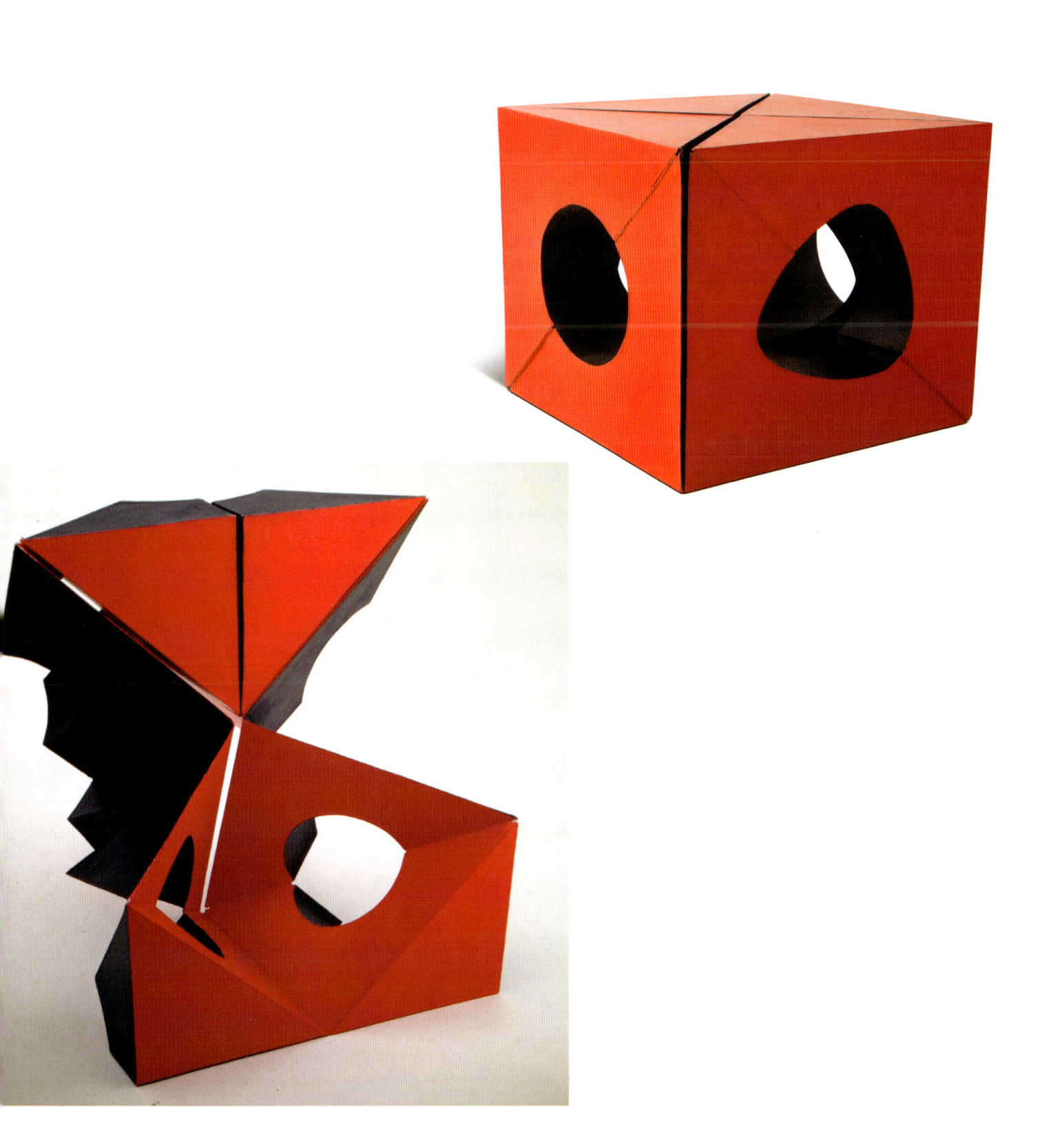

**22. TRIBUTO A CALDER / TRIBUTE TO CALDER**
1970
Cardboard / Cartón
20 x 20 x 20 cm (7 7/8 x 7 7/8 x 7 7/8 in.)

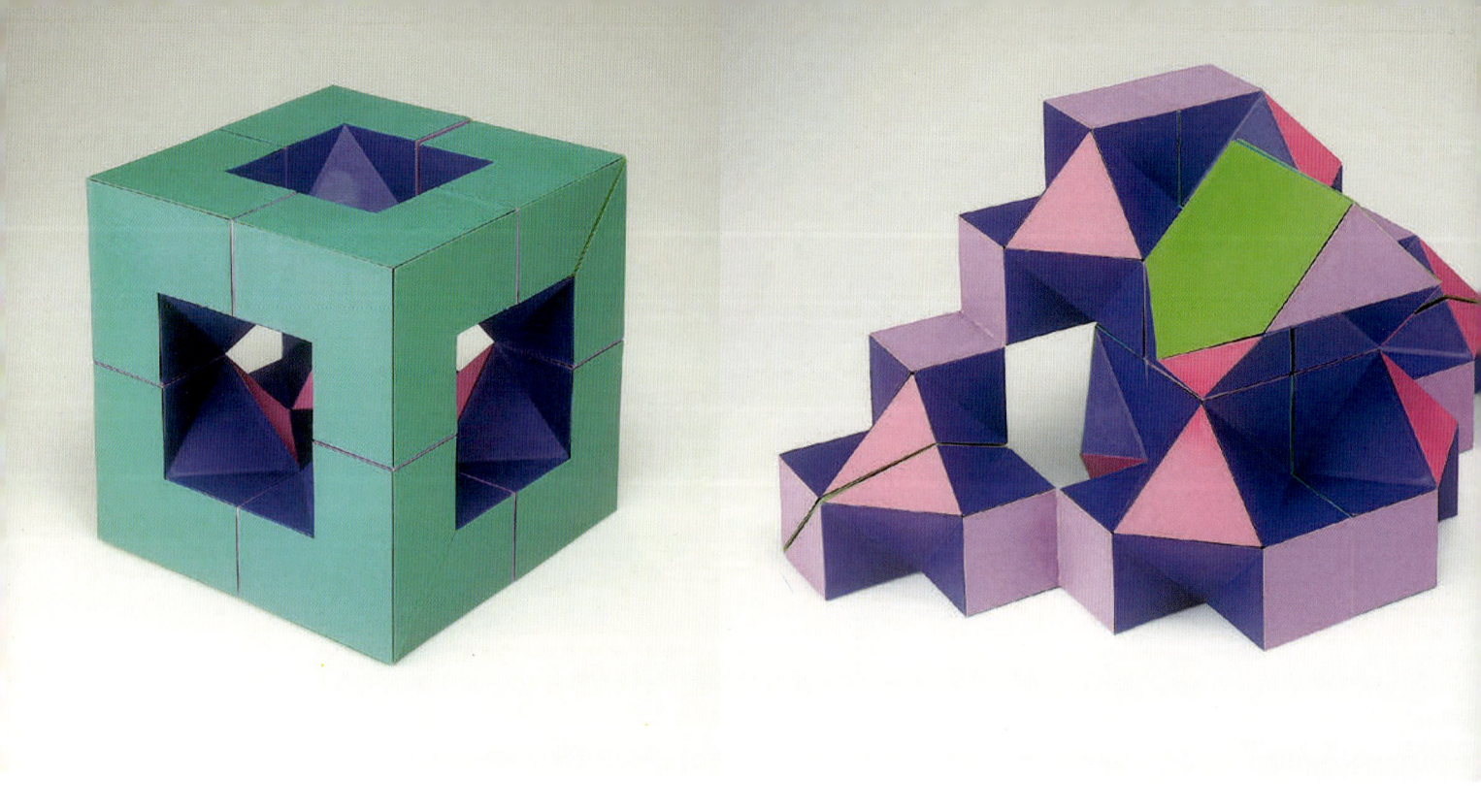

**23. LEONARDO IV**
1972
Plastic / Plástico
20 x 20 x 20 cm (7 7/8 x 7 7/8 x 7 7/8 in.)

**24. DURERO IV / DÜRER IV**
1972
Plastic / Plástico
20 x 20 x 20 cm (7 7/8 x 7 7/8 x 7 7/8 in.)

**KNOT** The Art of Sebastian | 63

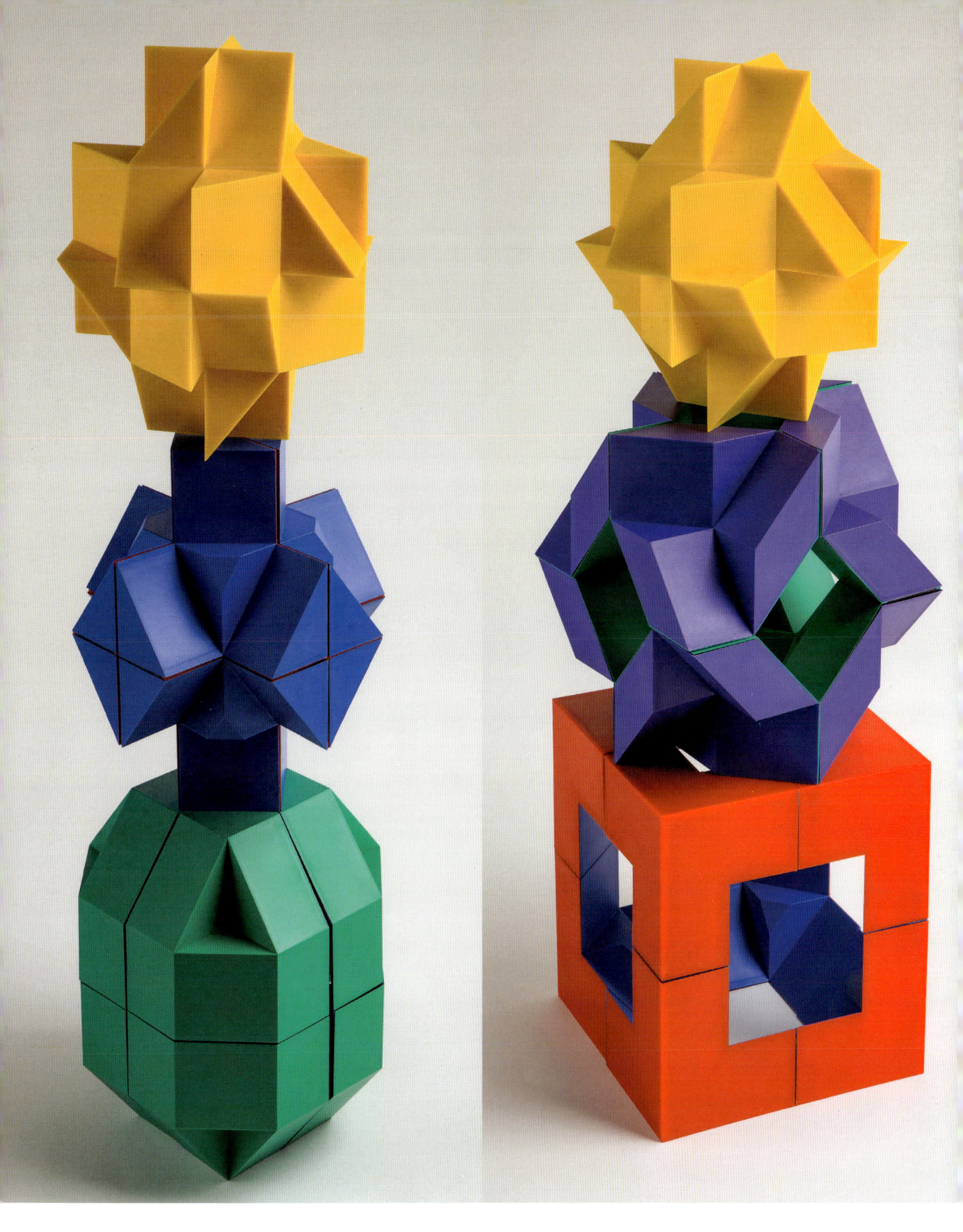

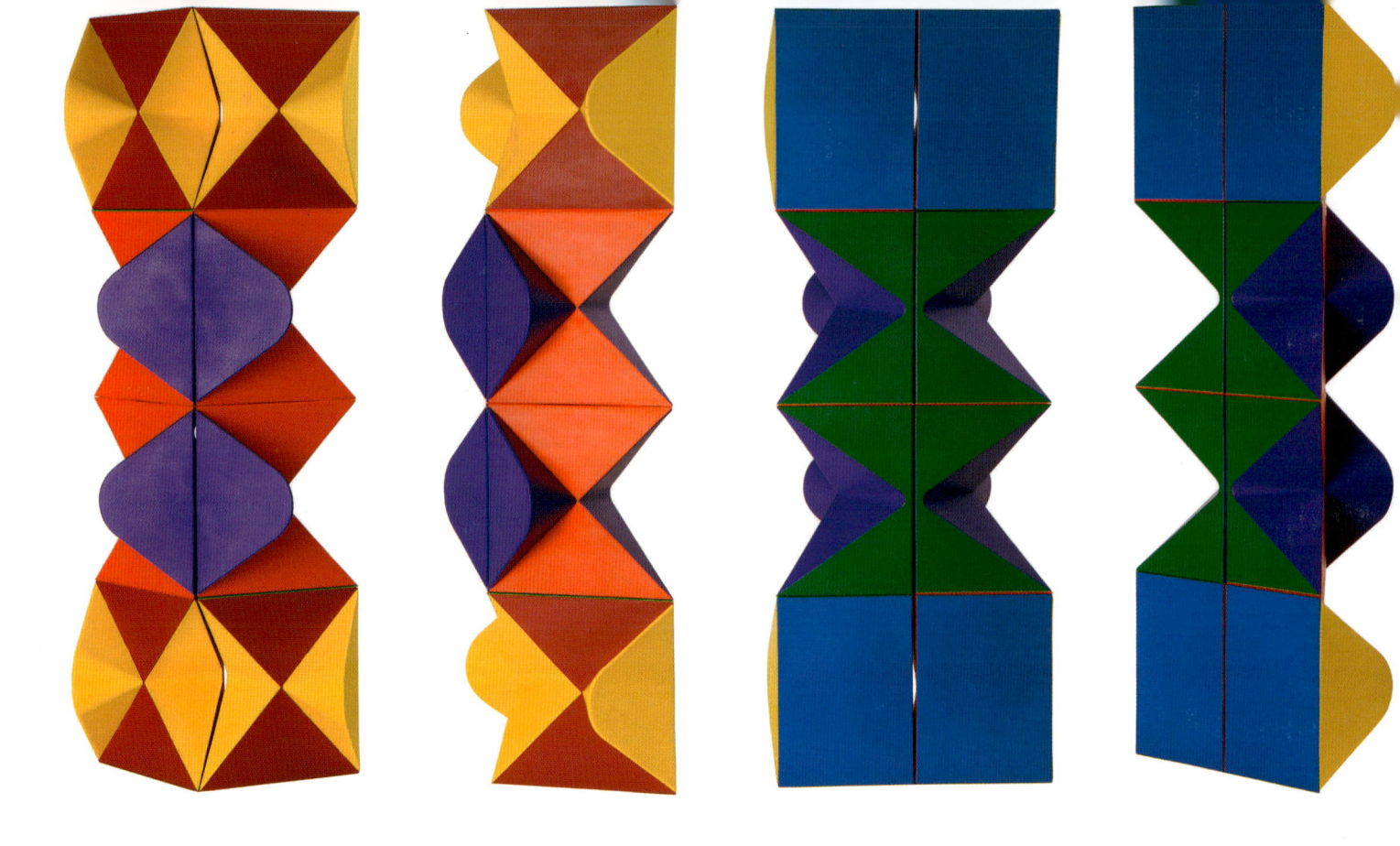

**25. BRANCUSI IV**
1972
Plastic / Plástico
20 x 20 x 20 cm (7 7/8 x 7 7/8 x 7 7/8 in.)

64 | **KNOT** The Art of Sebastian

26. **FRACTÁRBOL**
1993–95
Iron rods and coral cultivated with the Edyam technique /
Barras de fierro y coral cultivado con la técnica Edyam
96 x 57 x 24 cm (37 13/16 x 22 7/16 x 9 7/16 in.)

**27. CONTRADICCIÓN / CONTRADICTION**
1985
Ceramic / Cerámica
33 x 85 x 38 cm (13 x 33 7/16 x 14 15/16 in.)

**28. CHAC MOOL II**
2010
Stone / Piedra
67.8 x 110.6 x 52 cm (26 11/16 x 39 5/8 x 20 1/2 in.)

**29. TRANSFORMACION / TRANSFORMATION**
1982
Stone / Piedra
26 x 78.2 x 36.5 cm (10 1/4 x 30 13/16 x 14 3/8 in.)

30. **ESFERA / SPHERE**
2010
Stone / Piedra
62.6 cm (24 5/8 in.) diameter / diámetro

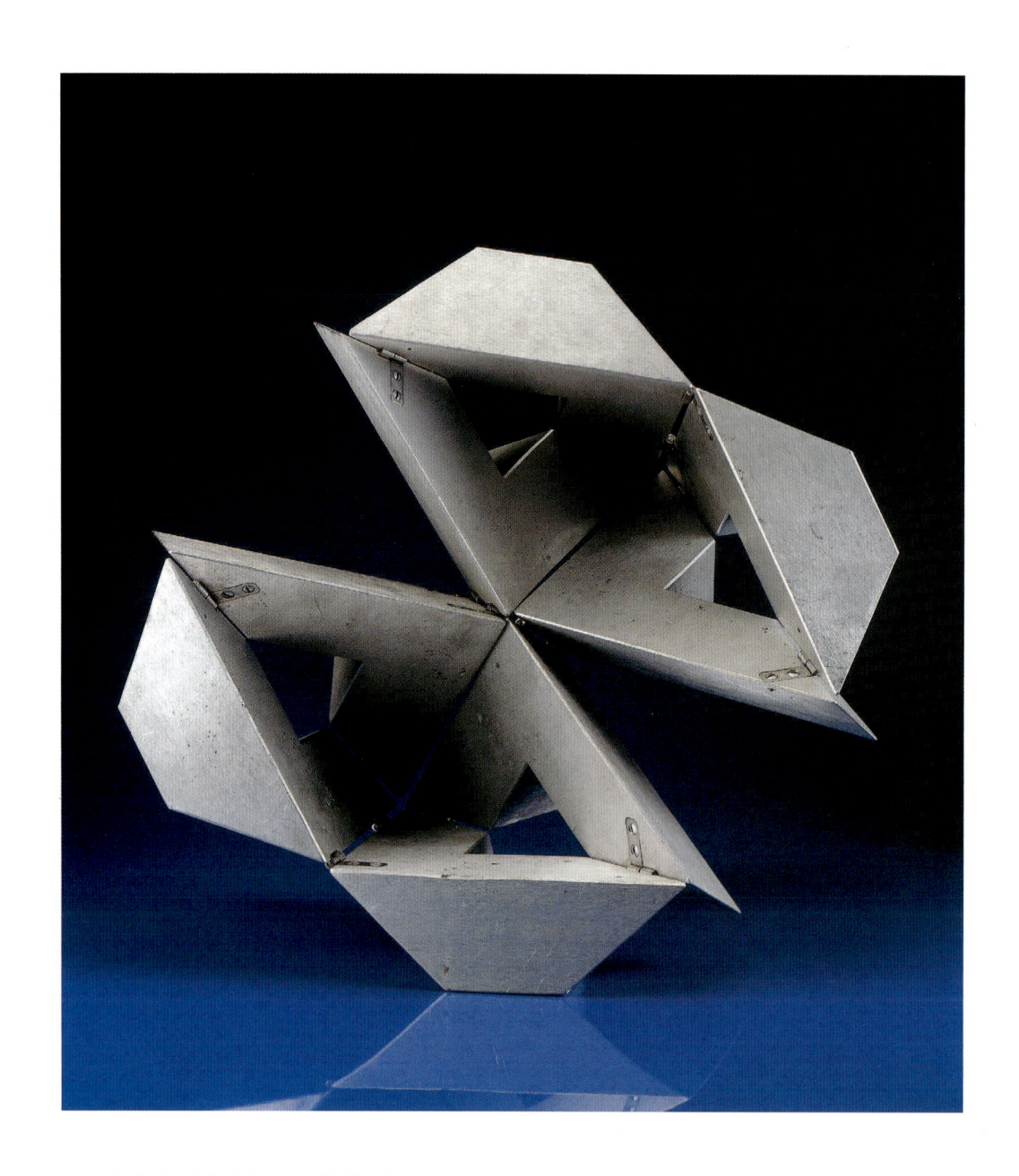

**31. CUBO AXIAL / AXIAL CUBE**
1970
Aluminum / Aluminio
20 x 20 x 20 cm (7 7/8 x 7 7/8 x 7 7/8 in.)

**32. CABEZA DE CABALLO / HORSE HEAD**
1992
Silver / Plata
11 x 9.7 x 6.6 cm
(4 5/16 x 3 13/16 x 2 5/8 in.)

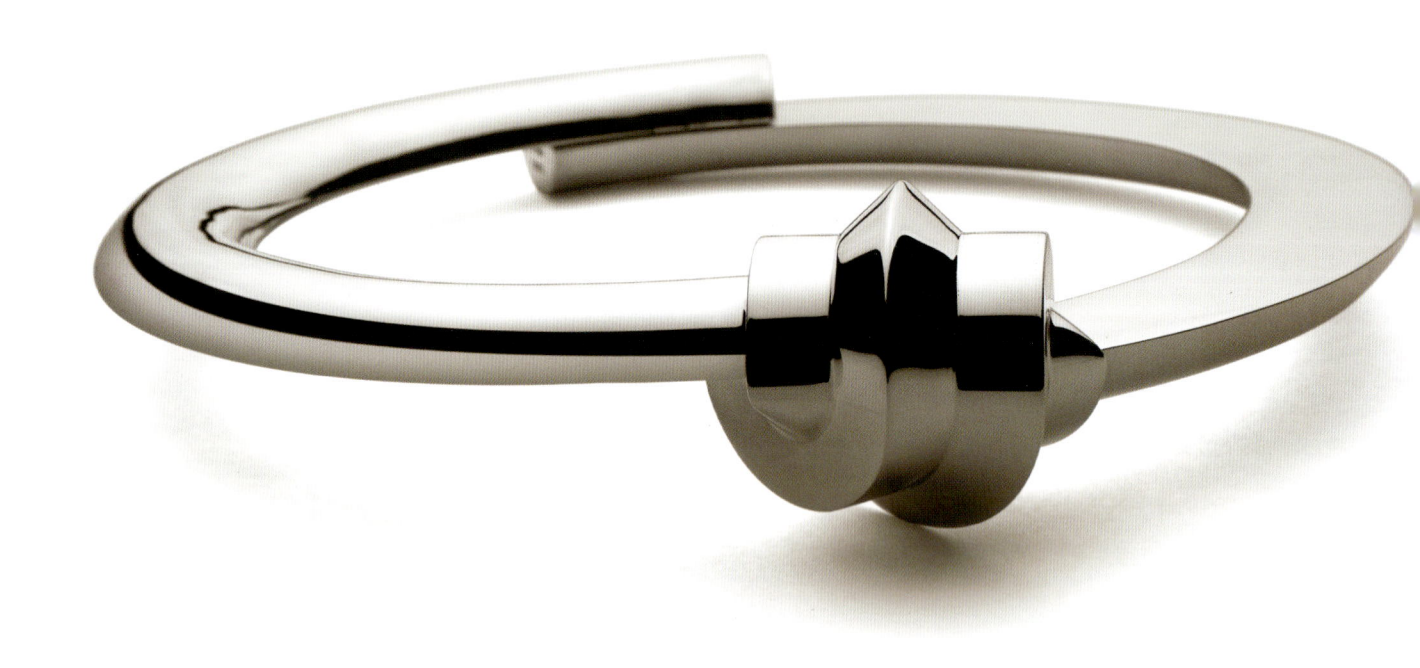

**33. COLLAR CASCARA (CUÁNTICA) / CASCARA (QUANTIC) NECKLACE**
2012
Silver / Plata
20 cm (7 7/8 in.) diameter / diámetro

34. **PUERTA DE TORREÓN / TORREÓN GATE**
2003
Silver / Plata
36 x 28 x 16 cm (14 3/16 x 11 x 6 5/16 in.)

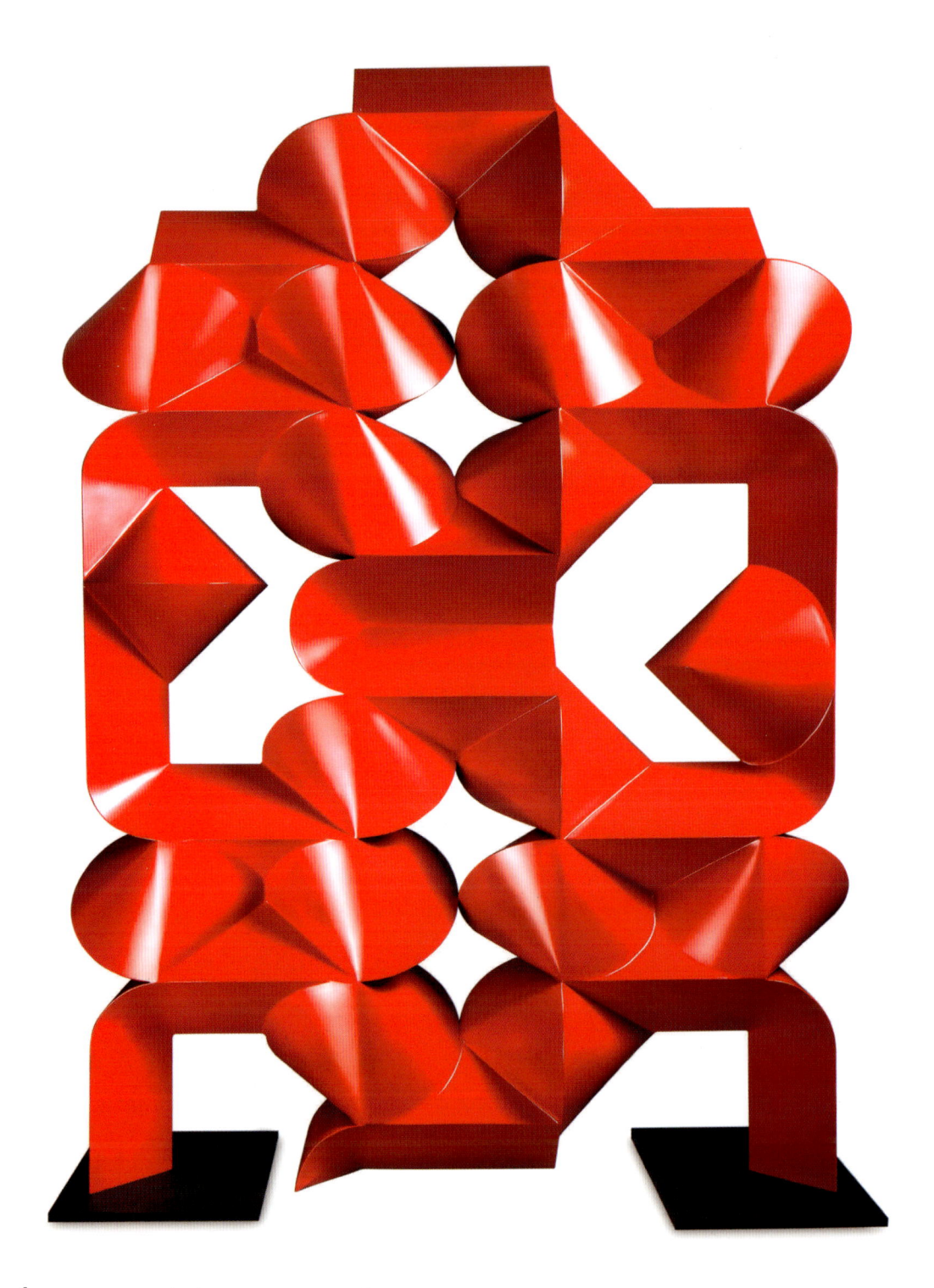

**35. CELOSÍA BORUNDA / BORUNDA LATTICE**
2008
Iron with acrylic enamel / Fierro con esmalte acrílico
244 x 156 x 50 cm (96 1/16 x 61 7/16 x 19 11/16 in.)

**36. SILLA SEBASTIAN / SEBASTIAN CHAIR**
1983
Iron with acrylic enamel / Fierro con esmalte acrílico
90.5 x 45.5 x 45 cm (35 5/8 x 17 15/16 x 17 3/4 in.)

**37. LA X DE JUÁREZ / THE JUÁREZ X**
2014
Iron with acrylic enamel / Fierro con esmalte acrílico
153 x 150 x 90 cm (60 1/4 x 59 1/16 x 35 7/16 in.)

38. ÁCTOR / ACTOR
2005
Iron with acrylic enamel /
Fierro con esmalte acrílico
180 x 60 x 42 cm
(70 7/8 x 23 5/8 x 16 9/16 in.)

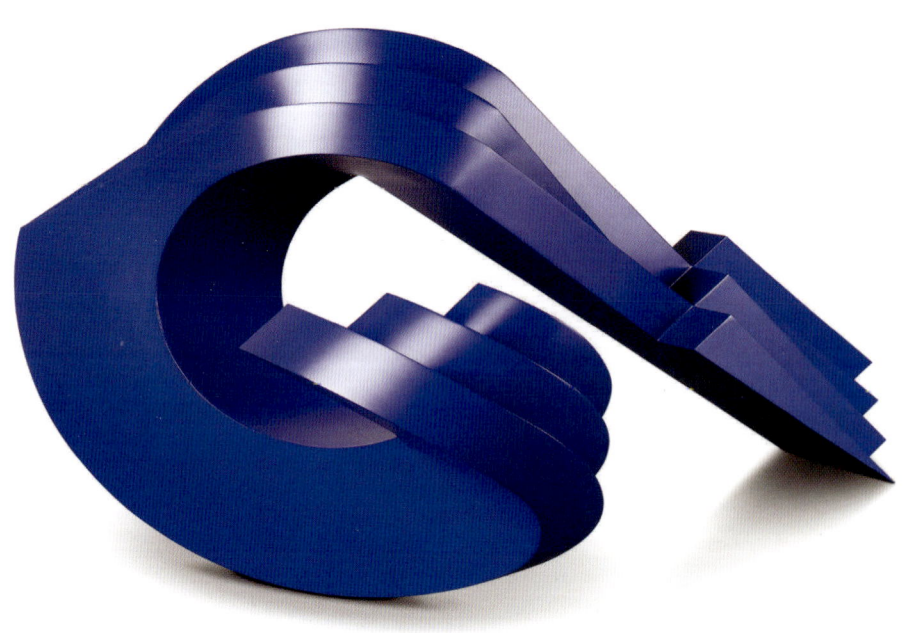

**39. RIZO / CURL**
2002
Iron with acrylic enamel /
Fierro con esmalte acrílico
100 x 142 x 100 cm
(39 3/8 x 55 15/16 x 39 3/8 in.)

**40. SOL DE MATIAS /
A SUN FOR MATTHEW**
1988
Iron with acrylic enamel /
Fierro con esmalte acrílico
128 x 101 x 70 cm
(50 3/8 x 39 3/4 x 27 9/16 in.)

**41. NUDO / KNOT**
2015
Iron with acrylic enamel / Fierro con esmalte acrílico
75.5 x 81 x 101 cm (29 3/4 x 31 7/8 x 39 3/4 in.)

42. **OLAS / WAVES**
2009
Iron with acrylic enamel /
Fierro con esmalte acrílico
290 x 95 x 80 cm
(114 3/16 x 37 3/8 x 31 1/2 in.)

**43. CORSET II**
2013
Iron with acrylic enamel / Fierro con esmalte acrílico
100 cm (39 3/8 in.) diameter / diámetro

**44. INFONAVIT, ESFERA CUÁNTICA / INFONAVIT, QUANTIC SPHERE**
2013
Bronze / Bronce
19.5 x 19. 5 x 19.5 cm
(7 11/16 x 7 11/16 x 7 11/16 in.)

**45. GEOSCIENCIAS / GEOSCIENCE**
2014
Drawing / Dibujo

**46. ENLACE CONSPICUO / CONSPICUOUS LINK**
2014
Bronze with patina / Bronce patinado
24 x 24 x 41 cm (9 7/16 x 9 7/16 x 16 1/8 in.)

**47. ENLACE III / LINK III**
2014
Bronze with patina / Bronce patinado
15.5 x 37.5 x 25.5 cm (6 1/8 x 14 3/4 x 10 1/16 in.)

**48. VARIACIÓN TRIVIAL / TRIVIAL VARIATION**
2010
Polished brass / Bronce pulido
13 x 28.5 x 28.5 cm (5 1/8 x 11 1/4 x 11 1/4 in.)

**49. NUDO TORUSADO / TORUS KNOT**
2014
Iron with acrylic enamel / Fierro con esmalte acrílico
180 x 160 x 98 cm (70 7/8 x 63 x 38 9/16 in.)

50. **VARIACIÓN AMANCAE / AMANCAE VARIATION**
2014
Bronze with patina / Bronce patinado
23.5 x 93.5 x 23.5 cm (9 1/4 x 36 13/16 x 9 1/4 in.)

### 51. EDIFICIO ABACUS / ABACUS BUILDING
Architectural model / Modelo arquitectónico

52. EDIFICIO TECNOPOLO /
TECNOPOLO BUILDING, UNIVERSIDAD AUTÓNOMA DEL ESTADO DE MÉXICO
2013

88 | **KNOT** The Art of Sebastian

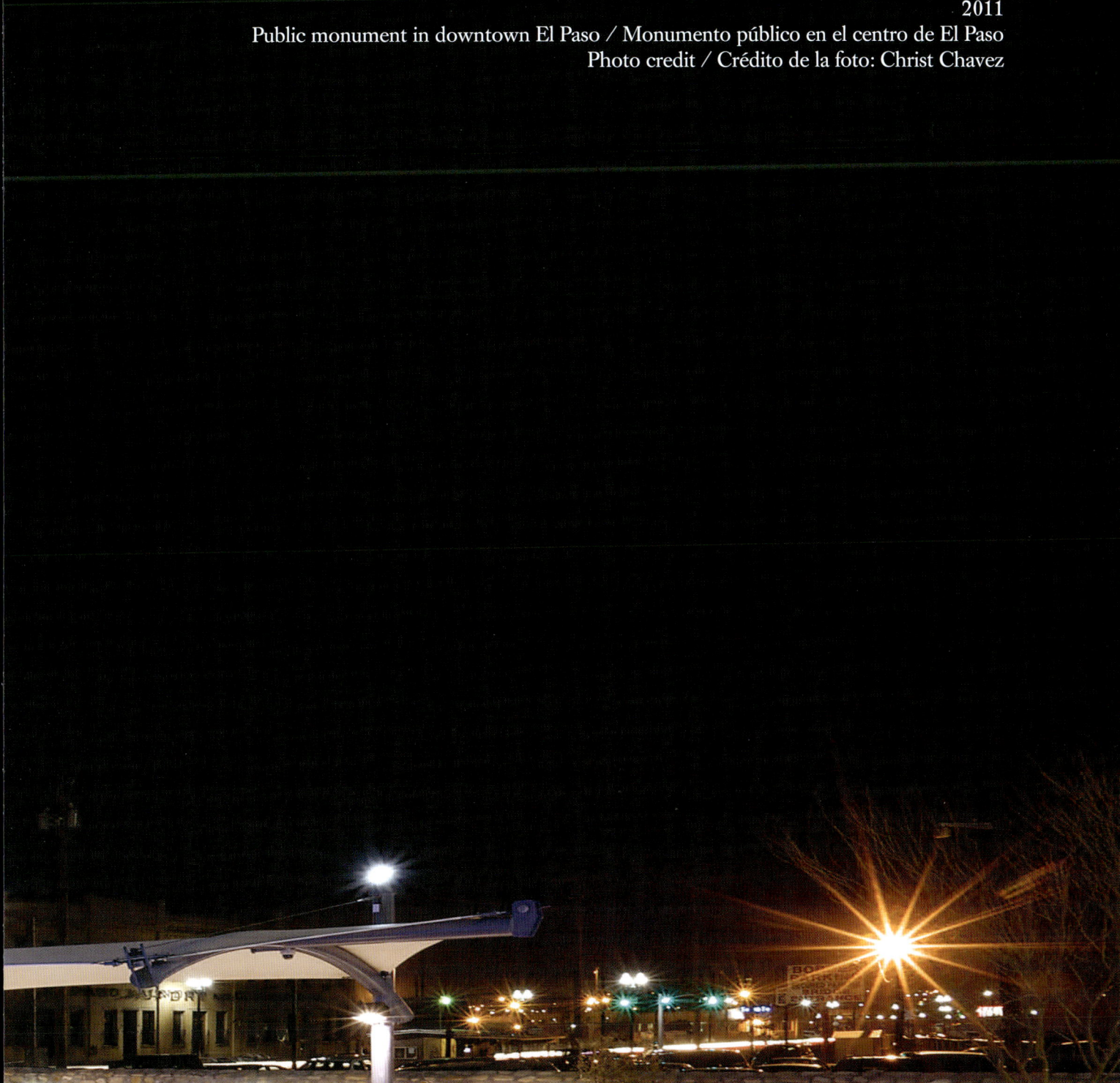

2011
Public monument in downtown El Paso / Monumento público en el centro de El Paso
Photo credit / Crédito de la foto: Christ Chavez

# CHECKLIST / LISTA DE OBRAS

All works belong to the Fundación Sebastian unless otherwise indicated. / Todas las obras pertenecen a la Fundación Sebastian, salvo indicación al contrario.

CUARZITA / QUARTZITE, 1989
Iron with acrylic enamel / Fierro con esmalte acrílico
200 x 48 x 48 cm (78 3/4 x 18 7/8 x 18 7/8 in.)
Plate / Lámina 1

TORUS ISOTÓPICO / ISOTOPIC TORUS, 2002
Iron with acrylic enamel / Fierro con esmalte acrílico
133.5 x 150 x 90 cm (52 9/16 x 59 1/16 x 35 7/16 in.)
Plate / Lámina 2

BOLA CUÁNTICA / QUANTIC BALL, 2014
Iron with acrylic enamel / Fierro con esmalte acrílico
270 x 180 x 180 cm (106 5/16 x 70 7/8 x 70 7/8 in.)
Plate / Lámina 3

CALABI I, 2008
Digital print / Impresión digital
152.4 x 152.4 cm (60 x 60 in.)
Plate / Lámina 4

CALABI II, 2008
Digital print / Impresión digital
152.4 x 152. 4 cm (60 x 60 in.)
Plate / Lámina 5

CALAVI YAU, 2008
Digital print / Impresión digital
152.4 x 152. 4 cm (60 x 60 in.)
Plate / Lámina 6

TURBULENCIA / TURBULENCE, 2008
Digital print / Impresión digital
152.4 x 152. 4 cm (60 x 60 in.)
Plate / Lámina 7

TRANSFORMABLES I, 1972
Drawing / Dibujo
96.5 x 76.2 cm (38 x 30 in.)
Plate / Lámina 8

TRANSFORMABLES II, 1972
Drawing / Dibujo
96.5 x 76.2 cm (38 x 30 in.)
Plate / Lámina 9

TRANSFORMABLES III, 1972
Drawing / Dibujo
96.5 x 76.2 cm (38 x 30 in.)
Plate / Lámina 10

BRAZALETE TRIESFERICÓN / TRISPHERICON BRACELET, 2007
Silver / Plata
9.3 x 8.5 x 11 cm (3 11/16 x 3 3/8 x 4 5/16 in.)
Plate / Lámina 11

TSURU, 1996
Silver / Plata
31 x 13 x 9 cm (12 3/16 x 5 1/8 x 3 9/16 in.)
Plate / Lámina 12

NEZAHUALCÓYOTL (COYOTE), 2007
Silver / Plata
22 x 19.5 x 13 cm (8 11/16 x 7 11/16 x 5 1/8 in.)
Plate / Lámina 13

CUÁNTICA PARADIGMA I / QUANTIC PARADIGM I, 2013
Bronze / Bronce
18 x 23.5 x 18 cm (7 1/16 x 9 1/4 x 7 1/16 in.)
Plate / Lámina 14

NUBE CUÁNTICA II / QUANTIC CLOUD II, 2013
Bronze / Bronce
23 x 74 x 24.5 cm (9 1/16 x 29 1/8 x 9 5/8 in.)
Plate / Lámina 15

ARQUITECTURA / ARCHITECTURE, 2013
Bronze / Bronce
23 x 64 x 23 cm (9 1/6 x 25 3/16 x 9 1/16 in.)
Plate / Lámina 16

ÁGUILA BICENTENARIO / BICENTENNIAL EAGLE, 2010
Drawing / Dibujo
100 x 90 cm (39 3/8 x 35 7/16 in.)
Plate / Lámina 17

NEZAHUALCÓYOTL (COYOTE), 2007
Drawing / Dibujo
100 x 90 cm (39 3/8 x 35 7/16 in.)
Plate / Lámina 18

TSURU, 1996
Drawing / Dibujo
100 x 90 cm (39 3/8 x 35 7/16 in.)
Plate / Lámina 19

TRIBUTO A TAMAYO / TRIBUTE TO TAMAYO, 1970
Cardboard / Cartón
20 x 20 x 20 cm (7 7/8 x 7 7/8 x 7 7/8 in.)
Plate / Lámina 20

DECONSTRUCTIVISTA / DECONSTRUCTIVIST, 1970
Cardboard / Cartón
20 x 20 x 20 cm (7 7/8 x 7 7/8 x 7 7/8 in.)
Plate / Lámina 21

TRIBUTO A CALDER / TRIBUTE TO CALDER, 1970
Cardboard / Cartón
20 x 20 x 20 cm (7 7/8 x 7 7/8 x 7 7/8 in.)
Plate / Lámina 22

LEONARDO IV, 1972
Plastic / Plástico
20 x 20 x 20 cm (7 7/8 x 7 7/8 x 7 7/8 in.)
Plate / Lámina 23

DURERO IV / DÜRER IV, 1972
Plastic / Plástico
20 x 20 x 20 cm (7 7/8 x 7 7/8 x 7 7/8 in.)
Plate / Lámina 24

BRANCUSI IV, 1972
Plastic / Plástico
20 x 20 x 20 cm (7 7/8 x 7 7/8 x 7 7/8 in.)
Plate / Lámina 25

FRACTÁRBOL, 1993–95
Iron rods and coral cultivated with the Edyam technique / Barras de fierro y coral cultivado con la técnica Edyam
96 x 57 x 24 cm (37 13/16 x 22 7/16 x 9 7/16 in.)
Plate / Lámina 26

CONTRADICCIÓN / CONTRADICTION, 1985
Ceramic / Cerámica
33 x 85 x 38 cm (13 x 33 7/16 x 14 15/16 in.)
Plate / Lámina 27

CHAC MOOL II, 2010
Stone / Piedra
67.8 x 110.6 x 52 cm (26 11/16 x 39 5/8 x 20 1/2 in.)
Plate / Lámina 28

TRANSFORMACIÓN / TRANSFORMATION, 1982
Stone / Piedra
26 x 78.2 x 36.5 cm (10 1/4 x 30 13/16 x 14 3/8 in.)
Plate / Lámina 29

ESFERA / SPHERE, 2010
Stone / Piedra
62.6 cm (24 5/8 in.) diameter / diámetro
Plate / Lámina 30

CUBO AXIAL / AXIAL CUBE, 1970
Aluminum / Aluminio
20 x 20 x 20 cm (7 7/8 x 7 7/8 x 7 7/8 in.)
Plate / Lámina 31

CUBO HEXACÓNICO / HEXACONIC CUBE, 1972
Aluminum / Aluminio
20 x 20 x 20 cm (7 7/8 x 7 7/8 x 7 7/8 in.)
(not illustrated / no ilustrado)

CABEZA DE CABALLO / HORSE HEAD, 1992
Silver / Plata
11 x 9.7 x 6.6 cm (4 5/16 x 3 13/16 x 2 5/8 in.)
Plate / Lámina 32

COLLAR CASCARA (CUÁNTICA) / CASCARA (QUANTIC) NECKLACE, 2012
Silver / Plata
20 cm (7 7/8 in.) diameter / diámetro
Plate / Lámina 33

PUERTA DE TORREÓN / TORREÓN GATE, 2003
Silver / Plata
36 x 28 x 16 cm (14 3/16 x 11 x 6 5/16 in.)
Plate / Lámina 34

CELOSÍA BORUNDA / BORUNDA LATTICE, 2008
Iron with acrylic enamel / Fierro con esmalte acrílico
244 x 156 x 50 cm (96 1/16 x 61 7/16 x 19 11/16 in.)
Plate / Lámina 35

SILLA SEBASTIAN / SEBASTIAN CHAIR, 1983
Iron with acrylic enamel / Fierro con esmalte acrílico
90.5 x 45.5 x 45 cm (35 5/8 x 17 15/16 x 17 3/4 in.)
Plate / Lámina 36

LA X DE JUÁREZ / THE JUÁREZ X, 2014
Iron with acrylic enamel / Fierro con esmalte acrílico
153 x 150 x 90 cm (60 1/4 x 59 1/16 x 35 7/16 in.)
Plate / Lámina 37

ÁCTOR / ACTOR, 2005
Iron with acrylic enamel / Fierro con esmalte acrílico
180 x 60 x 42 cm (70 7/8 x 23 5/8 x 16 9/16 in.)
Plate / Lámina 38

RIZO / CURL, 2002
Iron with acrylic enamel / Fierro con esmalte acrílico
100 x 142 x 100 cm (39 3/8 x 55 15/16 x 39 3/8 in.)
Plate / Lámina 39

SOL DE MATIAS / A SUN FOR MATTHEW, 1988
Iron with acrylic enamel / Fierro con esmalte acrílico
128 x 101 x 70 cm (50 3/8 x 39 3/4 x 27 9/16 in.)
Plate / Lámina 40

NUDO / KNOT, 2015
Iron with acrylic enamel / Fierro con esmalte acrílico
75.5 x 81 x 101 cm (29 3/4 x 31 7/8 x 39 3/4 in.)
Plate / Lámina 41

OLAS / WAVES, 2009
Iron with acrylic enamel / Fierro con esmalte acrílico
290 x 95 x 80 cm (114 3/16 x 37 3/8 x 31 1/2 in.)
Plate / Lámina 42

CORSET II, 2013
Iron with acrylic enamel / Fierro con esmalte acrílico
100 cm (39 3/8 in.) diameter / diámetro
Plate / Lámina 43

INFONAVIT, ESFERA CUÁNTICA / INFONAVIT, QUANTIC SPHERE, 2013
Bronze / Bronce
19.5 x 19. 5 x 19.5 cm (7 11/16 x 7 11/16 x 7 11/16 in.)
Plate / Lámina 44

GEOSCIENCIAS / GEOSCIENCE, 2014
Drawing / Dibujo
Plate / Lámina 45

ENLACE CONSPICUO / CONSPICUOUS LINK, 2014
Bronze with patina / Bronce patinado
24 x 24 x 41 cm (9 7/16 x 9 7/16 x 16 1/8 in.)
Plate / Lámina 46

ENLACE III / LINK III, 2014
Bronze with patina / Bronce patinado
15.5 x 37.5 x 25.5 cm (6 1/8 x 14 3/4 x 10 1/16 in.)
Plate / Lámina 47

VARIACIÓN TRIVIAL / TRIVIAL VARIATION, 2010
Polished brass / Bronce pulido
13 x 28.5 x 28.5 cm (5 1/8 x 11 1/4 x 11 1/4 in.)
Plate / Lámina 48

NUDO TORUSADO / TORUS KNOT, 2014
Iron with acrylic enamel / Fierro con esmalte acrílico
180 x 160 x 98 cm (70 7/8 x 63 x 38 9/16 in.)
Plate / Lámina 49

VARIACIÓN AMANCAE / AMANCAE VARIATION, 2014
Bronze with patina / Bronce patinado
23.5 x 93.5 x 23.5 cm (9 1/4 x 36 13/16 x 9 1/4 in.)
Plate / Lámina 50

EDIFICIO ABACUS / ABACUS BUILDING
Architectural model / Modelo arquitectónico
Plate / Lámina 51

EDIFICIO TECNOPOLO / TECNOPOLO BUILDING, UNIVERSIDAD AUTÓNOMA DEL ESTADO DE MÉXICO, 2013
(not illustrated; building reproduced on page 87 / no ilustrado; edificio reproducido en la página 87)

AGUACERO / RAIN SHOWER, 2010
Bronze / Bronce
76.2 x 48.3 x 25.4 cm (30 x 19 x 10 in.)
Collection of the City of El Paso / Colección de la Ciudad de El Paso
(not illustrated; public monument reproduced on page 88 / no ilustrado; monumento público reproducido en la página 88)

# SELECT BIBLIOGRAPHY / BIBLIOGRAFIA SELECTIVA

Academia de Artes, *Una década de actividades*, Mexico, Jaime Salcido Impresiones, 1991.
Acha, Juan, *Las culturas estéticas de América Latina (reflexiones)*, Mexico, UNAM, 1995.
Alvarez, Jose Rogelio, *Enciclopedia de Mexico*, Mexico, Impresora y Editora Mexicana, t. 2, 1978.
*Artes Visuales*, Museo de Arte Moderno, Chapultepec, trimestral, Mexico, 1975, pp. 36–42.
*Art Festival in Hafnarfjordur, III International Sculpture Encounter*, Iceland, 1991.
*Artistas plásticos*, Mexico, GDA Ediciones Culturales, 1977.
*A Sculpture Collection at Kiyose Keyaki Road Gallery III*, Hiyose City, Japan, Spatial Design Consultants Co., Ltd., 1993, pp. 22–23.
Beljon, J. J., *Gramática del arte*, Madrid, Celeste Ediciones, 1993.
Biron, Normand, *Vie des Arts*, Canada, autumn 1997, Conseil des Arts et des Lettres de Québec, no. 168.
Bostelmann, Enrique, y Sebastian, *Estructura y biografía de un objeto*, Mexico, UNAM, 1980.
Brommer, Gerald F., *Discovering Art History*, Massachusetts, Davis Publications Inc., Worcester, 1981.
Carballido, Emilio, Miguel Angel Echegaray et al., *Puerta del Camino Real de Sebastian*, Mexico, Pinacoteca, 2001.
Castedo, Leopoldo, *Historia del arte iberoamericano*, Madrid, Editorial Andres Bello/Alianza Editorial, 1988, t. 2: "Siglos XIX y XX", p. 145.
*Catalogo Internacional de Arte Contemporaneo*, Milan, Art S/A/Rimeco, Edizione, 1980.
*50 años de artes plásticas, Palacio de Bellas Artes*, Mexico, Imprenta Madero, 1988.
*Comisión Nacional de Derechos Humanos*, Mexico, Impreso en Panagraph, 1992.
Conde, Teresa del, *Sebastian Escultor*, Mexico, Secretaria de turismo, 1990.
Debroise, Olivier, Tatiana Falcón, and Cuauhtémoc Medina, Le era de la discrepancia: arte y cultura visual en México, 1968–1997 = *The Age of Discrepancies: Art and Visual Culture in Mexico 1968-1997*, Mexico City: Universidad Autónoma del Estado de México, 2006.
Dixon, Seth, "Mobile Monumental Landscapes: Shifting Cultural Identities in Mexico City's *El Caballito*," *Historical Geography*, 2009, pp. 37, 71–91.
*El arte en la calle*, Mexico, Casa del Tiempo, 2000, tercera época, t. 2, num. 15.
*El arte mexicano*, 2nd ed., Mexico, SEP/Salvat Editores, t. 15–16, 1986.
*El mundo escultórico de Sebastian sin límites*, Mexico, Sindicato Nacional de Trabajadores del ISSSTE, 1993.
*Enciclopedia Hispánica, Micropedía e índice*, edición de Encyclopaedia Britannica Publishers Inc., Versailles, Kentucky, Rand McNally and Company, 1992, t. 2, p. 363.
Escobedo, Helen, et al., *Monumentos mexicanos: de las estatuas de sal y de piedra*, Mexico, Conaculta/Grijalbo, 1982.
Figueroa, Lorena, "Border Monument: Juárez Sculpture to Be Dedicated May 24," *El Paso Times.com*, 2 May 2013, Web 24 April 2014.
Fontana, Giovanni, and A. Spstola, *Oggi Poesia Domani*, Italia, Frosione, 1979.
Frérot, Christine, *Mexico-mosaique , portraits d'objets avec ville*, Paris, Editions Autrement, 2000.
Fuentes, Carlos, *Sebastian*, Santa Fe, The Dartmouth Exhibition, 1990.
Garcia Ramirez, Sergio, *Una casa para la justicia, Procuraduría General de la Republica*, Mexico, Talleres Gráficos de la Nación, 1988.
*Geometría emocional de Sebastian*, Mexico, Offset Rebosan, 2004.
*Geometric Intimacies: Sebastian Sculptor*, Mexico, Fundación Sebastian, 2004.
Henestrosa, Andres, J. J. Beljon et al., *Saturnina de Sebastian*, Mexico, Pinacoteca, 2000.
*Historia de Mexico*, Mexico, Salvat Editores, t. 10, 1974.

*ICSA CASHIER 4, El arte constructivo mexicano, El origen de la vanguardia*, Bruselas, ICSAC Publications, 1985.
*Imagen de Mexico*, España, Fundación Santillana / Santillana del Mar, 1984.
Joray, Marcel, *Le Béton dans l'art contemporain*, Neuchâtel, Editions du Griffon, 1987.
Kassner, Lili, *Diccionario de escultores de México*, Siglo XX, Mexico, UNAM, 1984.
Krantz, Les, *American Artists*, Chicago, Publishing Corporation, 1989.
*La obra monumental de Sebastian*, Hong Kong, A. M. Editores, 2005.
Le Robert, *Art 82: Les Événements de l'art contemporain dans le monde*, Paris, Book International, 1983.
*Lideres mexicanos*, Mexico, 1994, año 3, t. 5, noviembre, pp. 116–19.
Malina, Frank J. , *Visual Art Mathematics and Computers*, Gran Bretana, Pergamon Press, 1979.
Manrique, Jorge Alberto, Ida Rodriguez Prampolini et al., *El geometrismo mexicano*, Mexico, UNAM, 1977.
*México en el arte*, Mexico, INBA/SEP/Imprenta Madero, num. 4, 1984; t. 2, 1985.
*México en el mundo de las colecciones del arte*, Mexico, SRE/UNAM/CNCA, 1994, t. 1: "Mexico contemporáneo", pp. 198–201.
*México inolvidable*, España, Editorial Everest, 1995, p. 227.
Montealegre, Samuel, *Messico-Arte. Enciclopedia Italiana de Scienze, Lettere ed Arti*, Roma, Instituto de la Enciclopedia Italiana "Giovanni Treccani", 1993, vol. 3: "It-O"; vol. V: "Actualizacion 1979–1992".
Monteforte Toledo, Mario, *Las piedras vivas*, Mexico, UNAM, 1979.
Museo Universitario de Ciencias y Arte, *Tres décadas de expresión plástica*, Mexico, Imprenta Madero, 1993, pp. 27, 36, 46, 264–65, 339, 393.
*Pintura y escultura mexicana, grupo de los dieciséis, denos una mano*, Mexico, Espejo de Obsidiana Ediciones, 1993, p. 122.
Pontual, Roberto, *América Latina, geometria sensível*, Brasil, Ediciones Jornal do Brasil, 1978.
Popper, Frank, *L'Art cinétique*, 2nd ed., Paris, Gauthier-Villars Editor, 1970.
Pradel, Jean-Louis, *World Art Trends*, New York, Harry N. Abrams Inc., 1983.
*Puerta del Camino Real de Colima*, Guadalajara, Fundación Sebastian/Gobierno de Colima/Editorial Pandora, 2002.
*Quantic Sebastian Exhibition at the Galeria Oscar Roman*, Mexico, Fundación Sebastian, 2013.
Redstone, Louis and Ruth, *Public Art New Directions*, Chicago, McGraw-Hill Inc., 1980.
Rodriguez Prampolini, Ida, *Sebastian, un ensayo sobre arte contemporáneo*, Mexico, UNAM, 1981.
Russek, Dan, *El espacio escultórico*, Mexico, UNAM-Coordinación de Humanidades, 1980.
Sebastian, "Intimate Objects," in *Leonardo*, Gran Bretana, Pergamon Press, 1980, vol .13, no.1.
Sebastian, "My Transformable Structures Based on the Möbius Strip," in *Leonardo*, Gran Bretana, Pergamon Press, 1975, vol. 8, no. 2, pp. 148–49.
*Sebastian*, Mexico, Imprenta Madero, 1979.
*Sebastian: a las puertas del paraíso*, Mexico, Editorial Limusa, 1999.
*Sebastian: el lenguaje del universo*, Mexico, Grupo Cementos de Chihuahua, 1999.
*Sebastian Escultor en la cuna de Cervantes*, Madrid, Editorial Turner, 2007.
*Sebastian Escultor en Toledo*, Madrid, Editorial Turner, 2008.
*Sebastian: la plata y el arte*, Mexico, AEditores para Industrias Penoles, 2010.
*Sebastian: Puerta del Camino Real de Colima*, Mexico, Fundación Sebastian/Secretaria de Cultura del Gobierno del Estado de Colima, 2002.
Secretaria de Comunicaciones y Transportes, *Recreaciones prehispánicas de Sebastian*, Mexico, SCT, 1996.
Secretaria de Relaciones Exteriores, *Paradojas de un mundo en transición*, Mexico, SRE, 1993.
Taller Sebastian, *Brancusi 4 Sebastian*, Jalisco, Mexico, Petra Ediciones, 1998.
\_\_\_\_, *Durero 4 Sebastian*, Jalisco, Mexico, Petra Ediciones, 1996.
\_\_\_\_, *Leonardo 4 Sebastian*, Jalisco, Mexico, Petra Ediciones, 1999.
Turner, Jay, *The Dictionary of Art*, New York, Grove's Dictionaries Inc., 1996, vol. 28, p. 330.
*Universos Paralelos / Parallel Universes*, Mexico, Fundación Sebastian, 2014.

Vallarino, Roberto, *El Caballito de Sebastian, Historia de una escultura monumental urbana*, Mexico, Ediciones El Equilibrista, 1995.

Villegas Garcia, Bladimir, *Voces de la cultura mexicana*, Mexico, Ediciones Tintanueva, 2001.

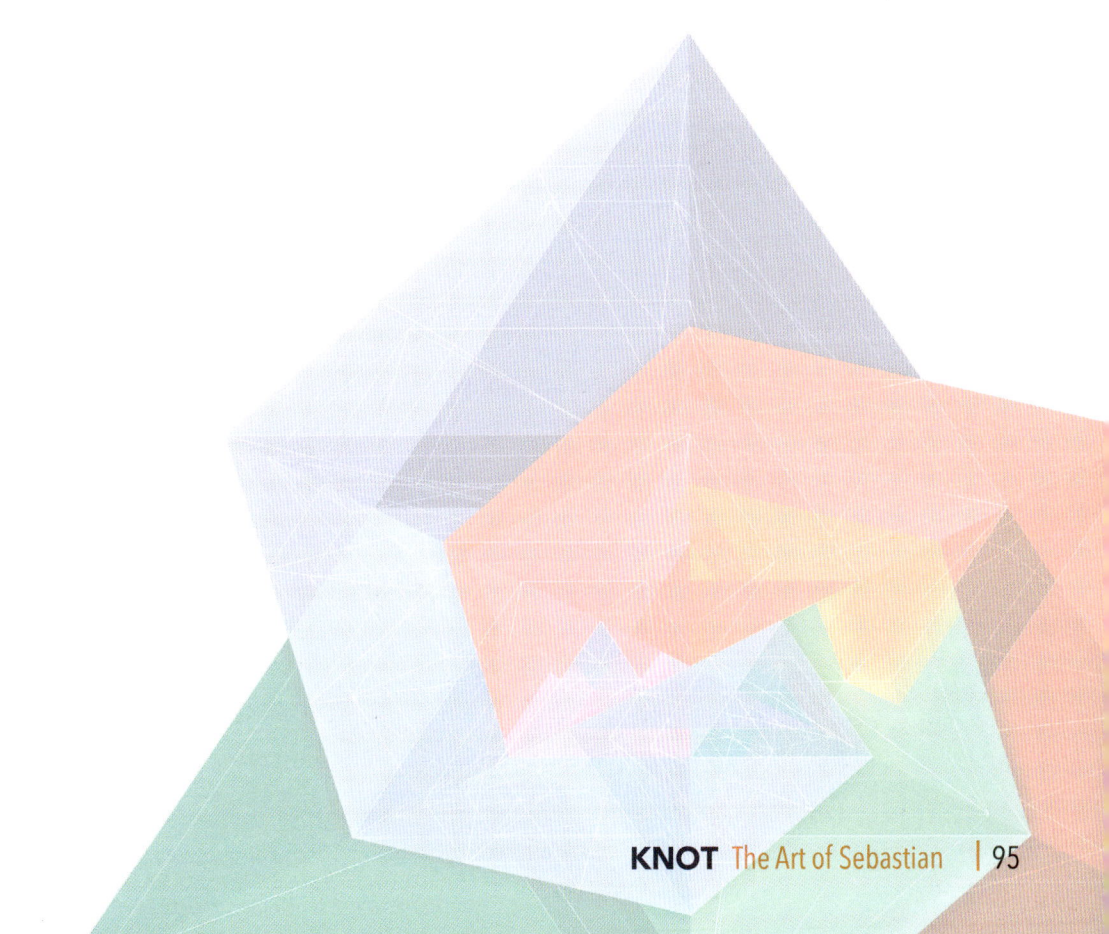

96 | **KNOT** The Art of Sebastian